全国测绘地理信息类职业教育“十四五”规划教材
测绘行业职业教育工学结合一体化规划教材

管线测量与信息系统

刘永义　刘朋俊　朱小韦　王瑞芳　编著
刘国安　主审

黄河水利出版社
·郑州·

内 容 提 要

本书以地下管线测量与信息系统的全过程为主线，共分为 5 个项目：地下管线探测现状；地下管线探测的基本规定；地下管线探测的基本程序；地下管线信息管理系统的设计与开发；地下管线探测中应注意的问题。

本书可作为高、中等职业院校工程测量专业教材使用，也可供从事城市地下管线设计、施工、监理和管理工作的工程技术人员参考。

图书在版编目(CIP)数据

管线测量与信息系统/刘永义等编著．—郑州：黄河水利出版社，2015.8（2026.1 修订重印）

ISBN 978-7-5509-1107-9

Ⅰ.①管… Ⅱ.①刘… Ⅲ.①地下管道-管线测量②地下管道-管理信息系统 Ⅳ.①TU990.3

中国版本图书馆 CIP 数据核字(2015)第 084181 号

策划编辑：陶金志　　电话：0371-66025273　　E-mail：838739632@qq.com

出 版 社：黄河水利出版社　　网址：www.yrcp.com

地址：河南省郑州市顺河路黄委会综合楼 14 层　　邮政编码：450003

发行单位：黄河水利出版社

发行部电话：0371-66026940、66020550、66028024、66022620(传真)

E-mail：hhslcbs@126.com

承印单位：河南承创印务有限公司

开本：787 mm×1 092 mm　1/16

印张：10.5

字数：250 千字

版次：2015 年 8 月第 1 版　　印次：2026 年 1 月第 4 次印刷

2026 年 1 月修订

定价：36.00 元

前 言

党的二十大报告提出了推进职普融通、产教融合、科教融汇，优化职业教育类型定位的要求，报告还指出要办好人民满意的教育，全面贯彻党的教育方针，落实立德树人根本任务，培养德智体美劳全面发展的社会主义建设者和接班人。

本书根据国家职业院校“工程测量专业教学标准”，以及测绘地理信息企事业单位的生产情况，采用基于工作过程的项目引领、任务驱动的思路，由学校骨干教师与黄河勘测规划设计有限公司的行业专家组成教材开发团队完成编写，可作为高、中等职业学校工程测量专业的专业课教材，也可供相关专业的社会学习者参考。

本书打破传统的学科体系教材编写方式，结合职业院校学生的特点，从生产、教学的角度出发，以操作性、实用性、易懂性为主，以地下管线测量与信息系统的全过程为主线，能使学生系统地学习和掌握地下管线探测和信息化建设的基本技能，服务于社会。全书共编写了 5 个项目：地下管线探测现状；地下管线探测的基本规定；地下管线探测的基本程序；地下管线信息管理系统的设计与开发；地下管线探测中应注意的问题。

本书编写人员及编写分工如下：王瑞芳编著项目 1；朱小韦编著项目 2、项目 4；刘永义编著项目 3、项目 5；黄河勘测规划设计有限公司刘朋俊高级工程师负责项目实施任务的拟定，并参与了项目实施内容的编写。本书由河南省航空物探遥感中心高级工程师刘国安担任主审。

为了不断提高教材质量，编者于 2026 年 1 月，根据近年来国家及行业最新颁布的规范、标准、规定等，以及在教学实践中发现的问题和错误，对全书进行了修订完善。本次修订以习近平新时代中国特色社会主义思想为指导，全面贯彻落实党的二十大精神，立德树人根本任务，将党的二十大精神融入教学实践中。

在编写过程中参阅了大量的文献，引用了同类书籍中的部分内容，在此谨向有关作者表示衷心感谢。同时，听取了许多老师及行业专家的宝贵意见，得到郑州测绘学校教务处及大地工测教学部的大力支持，在此致以衷心的谢意！由于编者水平有限，书中难免存在缺点和错误，恳请各位专家、读者给予批评和指正。

编 者

2026 年 1 月

目 录

项目1　地下管线探测现状

【项目导航】

重点：

管线存在的问题、产生原因及应对方法；地下管线探测的概念；各类管线的系统组成。

难点：

地下管线法律法规及技术标准现状；地下管线的种类及编号；各类地下管线的管材及管线管件。

任务：

使学生了解地下管线存在的问题、产生原因及应对方法；了解地下管线现状；了解地下管线法律法规及技术标准现状；掌握地下管线的种类和编号；掌握地下管线探测的概念；提高对知识的学习欲望，培养独立思考、团队合作的能力。

流程：

地下管线探测现状的流程如图1-1所示。

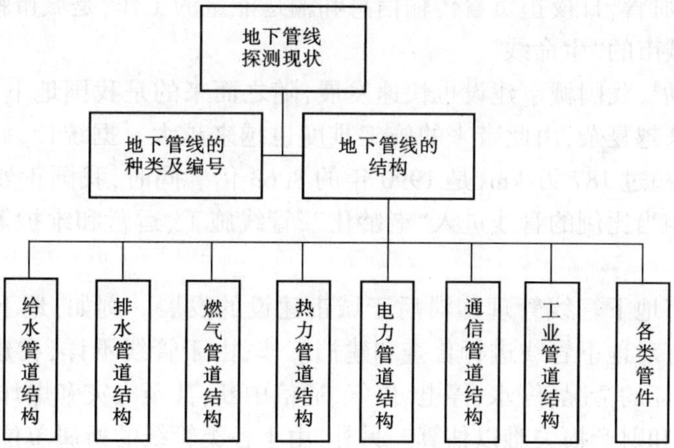

图1-1　地下管线探测现状的流程

本项目以地下管线在城市规划建设中的作用为切入点，主要包括以下几方面内容：地下管线探测的现状，地下管线存在的主要问题，管线信息化的作用及发展方向，地下管线的种类和结构。

任务1　地下管线现状

【任务目的】

使学生了解地下管线现状与规范现状。

【任务分析】

地下管线在城市规划建设和管理中具有非常重要的作用。了解地下管线现状、存在的问题及产生的原因、管线规范现状，为以后管线探测技术的深入学习做好铺垫。

【任务要求】

(1)了解地下管线现状。

(2)了解地下管线存在的问题、产生原因及应对方法。

(3)了解地下管线法律法规及技术标准现状。

【任务准备】

(1)仪器准备：计算机、多媒体设备等，能够保证正常工作使用。

(2)人员准备：按照实习任务，事先分好小组，轮流操作。

(3)记录准备：准备笔记本、笔等学习用具。

【任务实施】

地下管线现状按以下几个方面进行：①地下管线现状；②管线事故及产生原因；③应对方法；④规范现状。

1 地下管线现状

地下管线是城市基础设施的重要组成部分，是城市规划建设管理的重要基础信息。它就像人体的神经和血管，日夜担负着传输信息和输送能量的工作，是城市赖以生存和发展的必要保障，被称为城市的“生命线”。

随着时代的发展，我国城市建设也快速发展，随之而来的是我国地下管线越来越庞大、密集，其种类也越来越复杂，由此带来的施工难度也越来越大。据统计，截至 2012 年，各类地下管线长度就已超过 187 万 km，是 1990 年的 8.63 倍。同时，我国正处于新一轮地下管线建设高峰期，有相当比例的管线进入“老龄化”，管线施工、运营和维护等正面临前所未有的机遇和挑战。

但是，我国城市地下管线管理却滞后于城市建设的发展。例如，地下管线现状普遍不详，大多数城市没有对地下管线进行普查和建档工作，由于管线不详，在建设施工中不断发生管线被压埋和破坏的情况，停水、停电、停气、通信中断，甚至火灾和爆炸事故频繁发生，为此造成的人民生命和财产损失难以估算。另外，由于各类管线的所属单位不同，实施时间不同，造成埋设混乱，如把居民楼和厂房建在煤气管道上，煤气管道爆炸造成楼塌人亡；输油管道与自来水管道交叉埋设造成水污染等，给城市的发展埋下祸患。地下管线的这种滞后的现象，已成为我国城市建设和国民经济发展的瓶颈。

2 管线事故及产生原因

据中国城市规划协会地下管线专业委员会统计，2009~2013 年直接因城市地下管线事故而产生死伤的事故案例共 27 起，死亡人数达 117 人。单就致死伤的地下管线事故而论，呈逐年增多趋势。

这些事故中，最严重的当属 2013 年“11·22”中石化东黄石油管道泄漏爆炸事故。

2013 年 11 月 22 日凌晨 2 时 40 分，位于山东省青岛市黄岛区秦皇岛路和斋堂岛街交汇处，中石化管道公司输油管线破裂，造成原油泄漏，引发爆炸事故，造成 62 人死亡、136 人受伤，直接经济损失达7.5亿元。

总结事故原因，主要有三个方面：

(1)对隐患的排查治理不认真、不负责，尤其是对输油管道与排水暗渠交汇处存在的重大隐患没有进行彻底的排查和整改。

(2)违规违章作业，现场处置人员没有对暗渠内的油气进行检测就冒险作业，而且采用非防爆的工具进行施工，从而导致油气爆炸。

(3)规划设计不合理，事故发生地段规划建设非常混乱，油气管道与周边的建筑物距离太近，特别是输油管道与暗渠交叉工程设计不合理，存在重大隐患。

对2009~2013年全国75起典型事故(包括27起致死伤事故)的类型及原因进行分析，结果如表1-1和表1-2所示。

表1-1　事故类型和次数统计

管线种类	燃气管线	供水管线	热力管线	排水管线	输油管线	化学品管线	其他	合计
事故次数	41	9	7	6	4	4	4	75
致死次数	11	0	5	6	2	3	0	27

表1-2　事故原因和次数统计

事故原因	第三方施工	自然原因	原因不明	管线自身问题	综合因素叠加	外力破坏	其他	合计
事故次数	40	9	9	5	5	4	3	75

从表1-1中可以看出，最易发生事故的是燃气管线。75起地下管线事故中，燃气管线事故占41起，其中有11起燃气管线事故出现死伤。

管线自身的老旧、腐蚀是元凶之一，但并非管线事故主因。从表1-2可以看出：75起地下管线事故中，因管线自身问题引发的事故占比不到一成，七成以上事故是由自然原因、外力蓄意破坏、第三方施工等外部因素所致。其中，第三方施工是造成管线事故的首因。在地下管线委员会统计的75起典型事故中，因第三方施工所致的案例有40起。原厦门市城建档案馆副馆长林广元曾多次第一时间赶到地下管线事故现场，他曾经感叹道“几乎每个事故点附近都有一台挖掘机”。

上述是分析的产生事故的表面原因，其实，产生这些事故还有如下更深层次的原因：

(1)城市规划建设重地上、轻地下。长期以来城市建设管理重视建筑、基础设施以及路网建设，忽视地下管线的规划建设，没有一套科学和严格的管理措施。

(2)管线权属单位缺乏统筹协调。管线权属单位各自为政，缺乏统筹协调，权属主体的管理混乱，不能实现信息共享。

(3)历史遗留问题。我国现役市政管线由于历史原因，不少管线存在材质欠佳、设计缺陷、施工质量先天不足等问题，造成市政管线跑、冒、滴、漏时有发生。

(4)管线信息不全。对于已建立地下管线信息管理系统的城市，由于管理不到位，动态更新不及时，甚至未实行动态管理，不能提供完整、准确、现势的管线信息，造成资源浪费。

可以看出,地下管线的空间位置及属性信息,是城市规划建设管理的重要基础信息。掌握城市地下管线的现状,是城市自身经济发展的需要,也是城市规划建设与管理的需要。因此,探明地下管网的分布状况,获取空间位置及属性信息,绘制地下管线图,为城市规划、设计、施工和管理提供必要依据,并建立城市地下管线信息系统高效管理地下各类专业管线,以便满足决策、管理部门和施工单位的需要。

3　应对方法

那么,面对城市地下管线如此严重的问题,该如何应对呢?

2014 年 6 月 3 日,国务院办公厅印发了《关于加强城市地下管线建设管理的指导意见》(以下简称《指导意见》),明确了今后一段时间我国城市地下管线建设管理的指导思想、基本原则、重点任务等。

对《指导意见》主要内容进行如下总结。

3.1　指导思想

深入学习领会党的十八大和十八届二中、三中全会精神,认真贯彻落实党中央和国务院的各项决策部署,适应中国特色新型城镇化需要,把加强城市地下管线建设管理作为履行政府职能的重要内容,统筹地下管线规划建设、管理维护、应急防灾等全过程,综合运用各项政策措施,提高创新能力,全面加强城市地下管线建设管理。

3.2　基本原则

规划引领,统筹建设。坚持先地下、后地上,先规划、后建设,科学编制城市地下管线等规划,合理安排建设时序,提高城市基础设施建设的整体性、系统性。

强化管理,消除隐患。加强城市地下管线维修、养护和改造,提高管理水平,及时发现、消除事故隐患,切实保障地下管线安全运行。

因地制宜,创新机制。按照国家统一要求,结合不同地区实际,科学确定城市地下管线的技术标准、发展模式。稳步推进地下综合管廊建设,加强科学技术和体制机制创新。

落实责任,加强领导。强化城市人民政府对地下管线建设管理的责任,明确有关部门和单位的职责,加强联动协调,形成高效有力的工作机制。

3.3　目标任务

2015 年底前,完成城市地下管线普查,建立综合管理信息系统,编制完成地下管线综合规划。力争用 5 年时间,完成城市地下老旧管网改造,将管网漏失率控制在国家标准以内,显著降低管网事故率,避免重大事故发生。用 10 年左右时间,建成较为完善的城市地下管线体系,使地下管线建设管理水平能够适应经济社会发展需要,应急防灾能力大幅提升。

3.4　采取的措施

3.4.1　加强城市地下管线的规划统筹

开展地下空间资源调查与评估,制定城市地下空间开发利用规划,统筹地下各类设施、管线布局,原则上不允许在中心城区规划新建生产经营性危险化学品输送管线,其他地区新建的危险化学品输送管线,不得在穿越其他管线等地下设施时形成密闭空间,且距离应满足标准规范要求。各城市要依据城市总体规划组织编制地下管线综合规划,对各类专业管线进行综合,结合城市未来发展需要,统筹考虑军队管线建设需求,合理确定管线设施的空间位置、规模、走向等,包括驻军单位、中央直属企业在内的行业主管部门和管线单位都要积极配合。编制城市地下管线综合规划,应加强与地下空间、道路交通、人防建设、地铁建设等规划的衔接和协调,并作为控制性详细规划和地下管线建设规划的基本依据。

3.4.2　严格实施城市地下管线规划管理

按照先规划后建设的原则,依据经批准的城市地下管线综合规划和控制性详细规划,对城市地下管线实施统一的规划管理。地下管线工程开工建设前要依据城乡规划法等法律法规取得建设工程规划许可证。要严格执行地下管线工程的规划核实制度,未经核实或者经核实不符合规划要求的,不得组织竣工验收。要加强对规划实施情况的监督检查,对各类违反规划的行为及时查处,依法严肃处理。

3.4.3　统筹城市地下管线工程建设

按照先地下后地上的原则,合理安排地下管线和道路的建设时序。各城市在制订道路年度建设计划时,应提前告知相关行业主管部门和管线单位。各行业主管部门应指导管线单位,根据城市道路年度建设计划和地下管线综合规划,制订各专业管线年度建设计划,并与城市道路年度建设计划同步实施。要统筹安排各专业管线工程建设,力争一次敷设到位,并适当预留管线位置。要建立施工掘路总量控制制度,严格控制道路挖掘,杜绝“马路拉链”现象。

3.4.4　稳步推进城市地下综合管廊建设

在36个大中城市开展地下综合管廊试点工程,探索投融资、建设维护、定价收费、运营管理等模式,提高综合管廊建设管理水平。通过试点示范效应,带动具备条件的城市结合新区建设、旧城改造、道路新(改、扩)建,在重要地段和管线密集区建设综合管廊。城市地下综合管廊应统一规划、建设和管理,满足管线单位的使用和运行维护要求,同步配套消防、供电、照明、监控与报警、通风、排水、标识等设施。鼓励管线单位入股组成股份制公司,联合投资建设综合管廊,或在城市人民政府指导下组成地下综合管廊业主委员会,招标选择建设、运营管理单位。建成综合管廊的区域,凡已在管廊中预留管线位置的,不得再另行安排管廊以外的管线位置。要统筹考虑综合管廊建设运行费用、投资回报和管线单位的使用成本,合理确定管廊租售价格标准。有关部门要及时总结试点经验,加强对各地综合管廊建设的指导。

3.4.5　严格规范建设行为

城市地下管线工程建设项目应履行基本建设程序,严格落实施工图设计文件审查、施工许可、工程质量安全监督与监理、竣工测量以及档案移交等制度。要落实施工安全管理制度,明确相关责任人,确保施工作业安全。对于可能损害地下管线的建设工程,管线单位要与建设单位签订保护协议,辨识危险因素,提出保护措施。对于可能涉及危险化学品管道的施工作业,建设单位施工前要召集有关单位,制订施工方案,明确安全责任,严格按照安全施工要求作业,严禁在情况不明时盲目进行地面开挖作业。对违规建设施工造成管线破坏的行为要依法追究责任。工程覆土前,建设单位应按照有关规定进行竣工测量,及时将测量成果报送城建档案管理部门,并对测量数据和测量图的真实性、准确性负责。

3.4.6　加大老旧管线改造力度

改造使用年限超过50年、材质落后和漏损严重的供排水管网。推进雨污分流管网改造和建设,暂不具备改造条件的,要建设截流干管,适当加大截流倍数。对存在事故隐患的供热、燃气、电力、通信等地下管线进行维修、更换和升级改造。对存在塌陷、火灾、水淹等重大安全隐患的电力电缆通道进行专项治理改造,推进城市电网、通信网架空线入地改造工程。实施城市宽带通信网络和有线广播电视网络光纤入户改造,加快有线广播电视网络数字化改造。

3.4.7 加强维修养护

各城市要督促行业主管部门和管线单位,建立地下管线巡护和隐患排查制度,严格执行安全技术规程,配备专门人员对管线进行日常巡护,定期进行检测维修,强化监控预警,发现危害管线安全的行为或隐患应及时处理。对地下管线安全风险较大的区段和场所要进行重点监控;对已建成的危险化学品输送管线,要按照相关法律法规和标准规范严格管理。开展地下管线作业时,要严格遵守相关规定,配备必要的设施设备,按照先检测后监护再进入的原则进行作业,严禁违规违章作业,确保人员安全。针对城市地下管线可能发生或造成的泄漏、燃爆、坍塌等突发事故,要根据输送介质的危险特性及管道情况,制订应急防灾综合预案和有针对性的专项应急预案、现场处置方案,并定期组织演练;要加强应急队伍建设,提高人员专业素质,配套完善安全检测及应急装备;维修养护时一旦发生意外,要对风险进行辨识和评估,杜绝盲目施救,造成次生事故;要根据事故现场情况及救援需要及时划定警戒区域,疏散周边人员,维持现场秩序,确保应急工作安全有序。切实提高事故防范、灾害防治和应急处置能力。

3.4.8 消除安全隐患

各城市要定期排查地下管线存在的隐患,制订工作计划,限期消除隐患。加大力度清理、拆除占压地下管线的违法建(构)筑物。清查、登记废弃和“无主”管线,明确责任单位,对于存在安全隐患的废弃管线要及时处置,消灭危险源,其余废弃管线应在道路新(改、扩)建时予以拆除。加强城市窨井盖管理,落实维护和管理责任,采用防坠落、防位移、防盗窃等技术手段,避免窨井伤人等事故发生。要按照有关规定完善地下管线配套安全设施,做到与建设项目同步设计、施工、交付使用。

3.4.9 开展城市地下管线普查

城市地下管线普查实行属地负责制,由城市人民政府统一组织实施。各城市要明确责任部门,制订总体方案,建立工作机制和相关规范,组织好普查成果验收和归档移交工作。普查工作包括地下管线基础信息普查和隐患排查。基础信息普查应按照相关技术规程进行探测、补测,重点掌握地下管线的规模大小、位置关系、功能属性、产权归属、运行年限等基本情况;隐患排查应全面了解地下管线的运行状况,摸清地下管线存在的结构性隐患和危险源。驻军单位、中央直属企业要按照当地政府的统一部署,积极配合做好所属地下管线的普查工作。普查成果要按规定集中统一管理,其中军队管线普查成果按军事设施保护法有关规定和军队保密要求提供和管理,由军队有关业务主管部门另行明确配套办法。

3.4.10 建立和完善综合管理信息系统

各城市要在普查的基础上,建立地下管线综合管理信息系统,满足城市规划、建设、运行和应急等工作需要。包括驻军单位、中央直属企业在内的行业主管部门和管线单位要建立完善专业管线信息系统,满足日常运营维护管理需要,驻军单位按照军队有关业务主管部门统一要求组织实施。综合管理信息系统和专业管线信息系统应按照统一的数据标准,实现信息的即时交换、共建共享、动态更新。推进综合管理信息系统与数字化城市管理系统、智慧城市融合。充分利用信息资源，做好工程规划、施工建设、运营维护、应急防灾、公共服务等工作，建设工程规划和施工许可管理必须以综合管理信息系统为依据。涉及国家秘密的地下管线信息，要严格按照有关保密法律法规和标准进行管理。

3.4.11　完善法规标准

研究制定地下空间管理、地下管线综合管理等方面法规，健全地下管线规划建设、运行维护、应急防灾等方面的配套规章。开展各类地下管线标准规范的梳理和制（修）订工作，建立完善地下管线标准体系。根据城市发展实际需要，适当提高地下管线建设和抗震防灾等技术标准，重要地区要按相关标准规范的上限执行。按照国防和人防建设要求，研究促进城市地下管线军民融合发展的措施，优先为军队提供管线资源。

3.4.12　加大政策支持

中央继续通过现有渠道予以支持。地方政府和管线单位要落实资金，加快城市地下管网建设改造。要加快城市建设投融资体制改革，分清政府与企业边界，确需政府举债的，应通过发行政府一般债券或专项债券融资。开展城市基础设施和综合管廊建设等政府和社会资本合作机制（PPP）试点。以政府和社会资本合作方式参与城市基础设施和综合管廊建设的企业，可以探索通过发行企业债券、中期票据、项目收益债券等市场化方式融资。积极推进政府购买服务，完善特许经营制度，研究探索政府购买服务协议、特许经营权、收费权等作为银行质押品的政策，鼓励社会资本参与城市基础设施投资和运营。支持银行业金融机构在有效控制风险的基础上，加大信贷投放力度，支持城市基础设施建设。鼓励外资和民营资本发起设立以投资城市基础设施为主的产业投资基金。各级政府部门要优化地下管线建设改造相关行政许可手续办理流程，提高办理效率。

3.4.13　提高科技创新能力

加大城市地下管线科技研发和创新力度，鼓励在地下管线规划建设、运行维护及应急防灾等工作中，广泛应用精确测控、示踪标识、无损探测与修复、非开挖、物联网监测和隐患事故预警等先进技术。积极推广新工艺、新材料和新设备，推进新型建筑工业化，支持发展装配式建筑，推广应用管道预构件产品，提高预制装配化率。

3.4.14　落实地方责任

各地要牢固树立正确的政绩观，纠正"重地上轻地下""重建设轻管理""重使用轻维护"等错误观念，加强对城市地下管线建设管理工作的组织领导。省级人民政府要把城市地下空间和管线建设管理纳入重要议事日程，加大监督、指导和协调力度，督促各城市结合实际抓好相关工作。城市人民政府作为责任主体，要切实履行职责，统筹城市地上地下设施建设，做好地下空间和管线管理各项具体工作。住房和城乡建设部要会同有关部门，加强对地下管线建设管理工作的指导和监督检查。对地下管线建设管理工作不力、造成重大事故的，要依法追究责任。

3.4.15　健全工作机制

各地要建立城市地下管线综合管理协调机制，明确牵头部门，组织有关部门和单位，加强联动协调，共同研究加强地下管线建设管理的政策措施，及时解决跨地区、跨部门及跨军队和地方的重大问题和突发事故。住房城乡建设部门会同有关部门负责城市地下管线综合管理,发展改革部门要将城市地下管线建设改造纳入经济社会发展规划,财政、通信、广播电视、安全监管、能源、保密等部门要各司其职、密切配合,形成分工明确、高效有力的工作机制。

3.4.16 积极引导社会参与

充分发挥行业组织的积极作用。各城市应设立统一的地下管线服务专线。充分运用多种媒体和宣传形式,加强城市地下管线安全和应急防灾知识的普及教育,开展"管线挖掘安全月"主题宣传活动,增强公众保护地下管线的意识。建立举报奖励制度,鼓励群众举报危害管线安全的行为。

现在许多城市已经相继开始了管线普查工作。

2013 年 12 月 20 日,郑州市地下管线普查与信息化建设项目通过专家验收。本次普查历时两年,查清了四环以内 570 km^2 范围内的各类地下管线 23 761 km。普查内容为区域内市政道路及河道两侧埋设的各种管线以及隐蔽工程,普查完成后,在市四环内可精确定位任意一点并可对其进行立体展示。

4 规范现状

4.1 法律法规

4.1.1 《城市地下管线工程档案管理办法》

2005 年建设部第 136 号令《城市地下管线工程档案管理办法》发布,自 2005 年 5 月 1 日起施行,第一次以部令的形式明确了城市地下管线管理办法。

4.1.2 《中华人民共和国城乡规划法》

《中华人民共和国城乡规划法》自 2008 年 1 月 1 日起施行,明确规定了地下空间和管道的规划实施。

4.2 技术标准

《城市地下管线探测技术规程》(CJJ 61—2003);

《城市测量规范》(CJJ/T 8—2011);

《卫星定位城市测量技术规范》(CJJ/T 73—2010);

《1:500 1:1 000 1:2 000 地形图图式》(GB/T 20257.1—2007);

《1:500 1:1 000 1:2 000 地形图要素分类与代码要素分类与代码》(GB/T 14804—2007);

《全球定位系统(GPS)测量规范》(GB/T 18314—2009);

《全球定位系统实时动态测量(RTK)技术规范》(CH/T 2009—2010);

《城市基础地理信息系统技术规范》(CJJ 100—2004);

《基础地理信息要素分类与代码》(GB/T 13923—2006);

《基础地理信息标准数据基本规定》(GB 21139—2007);

《城市地理要素——城市道路、道路交叉口、街坊、市政工程管线编码结构规则》(GB/T 14395—2009)。

另外,各个城市也相继编制了管线普查技术规程,2012 年 12 月,郑州市城乡规划局颁布了《郑州市地下管线普查与信息化建设项目技术规程》。因各个城市地下管线特性并不完全一样,本书中一些共性的规定以《城市地下管线探测技术规程》(CJJ 61—2003)为准,一些个性的规定,以《郑州市地下管线普查与信息化建设项目技术规程》为例。

任务2　地下管线的种类及编号

【任务目的】

使学生掌握地下管线的种类和编号。

【任务分析】

地下管线的种类繁多,结构复杂,不同的管线有不同的探测方法。地下管线的编号是指管线点在外业探测中的点号,为了做好地下管线的探测和普查工作,必须先弄清地下管线的种类和编号,才能采用相应的探测技术完成地下管线的探测任务。

【任务要求】

(1)掌握地下管线探测的概念。

(2)掌握地下管线的种类及编号。

【任务准备】

(1)仪器准备:计算机、多媒体设备等,能够保证正常工作使用。

(2)人员准备:按照实习任务,事先分好小组,轮流操作。

(3)记录准备:准备笔记本、笔等学习用具。

【任务实施】

地下管线的种类及编号按以下几个方面进行:①地下管线探测的概念;②地下管线的种类及编号。

1　地下管线探测的概念

地下管线是指埋设于地下的管道和电缆。地下管线探测是确定地下管线空间位置和属性的测量工作。它的目的是为了查明已有地下管线的平面位置、埋深(或高程)、走向以及规格、性质、材料、权属等属性。

地下管线探查是通过现场调查和仪器探查,查明地下管线的埋设位置、深度和相关属性,并在地面设置管线点标志;地下管线测绘是对所设管线点的平面位置和高程进行测量,并编绘地下管线图。

地下管线探测特点:

(1)地下管线埋设的环境复杂。

(2)地下管线种类繁多,由管线所形成的物理场的种类和变化较大。

(3)地下管线探测要求仪器具有连续追踪、快速定向、定点和定深的功能,同时要求能在工作现场作出准确的解释。

(4)仪器应具有足够的探测深度(3~5 m),有较高的分辨率和较强的抗干扰性能。目前,国内外的有关仪器大多数具有梯度测量的功能,并且一般均可测量电磁场总场的水平分量和垂直分量。

2　地下管线的种类及编号

城市地下管线的种类繁多,结构复杂,而且分属各个不同的专业部门管理。因此,要做好地下管线探测和普查工作,必须先弄清地下管线的种类及结构,才能采用相应的探测技术和方法,高效率、高质量地完成地下管线的探测任务。因各个城市地下管线探测技术规程中对管线的分类略有不同,现以郑州市地下管线探测规程中的分类为例进行说明。该规程中共分为七大类:给水管道、排水管道、燃气管道、热力管道、电力管道、通信管道、工业管道。其中,每个大类又分不同子类,如图1-2所示,括号中为各管线的编号,大部分是以汉语拼音首字母进行编号的。

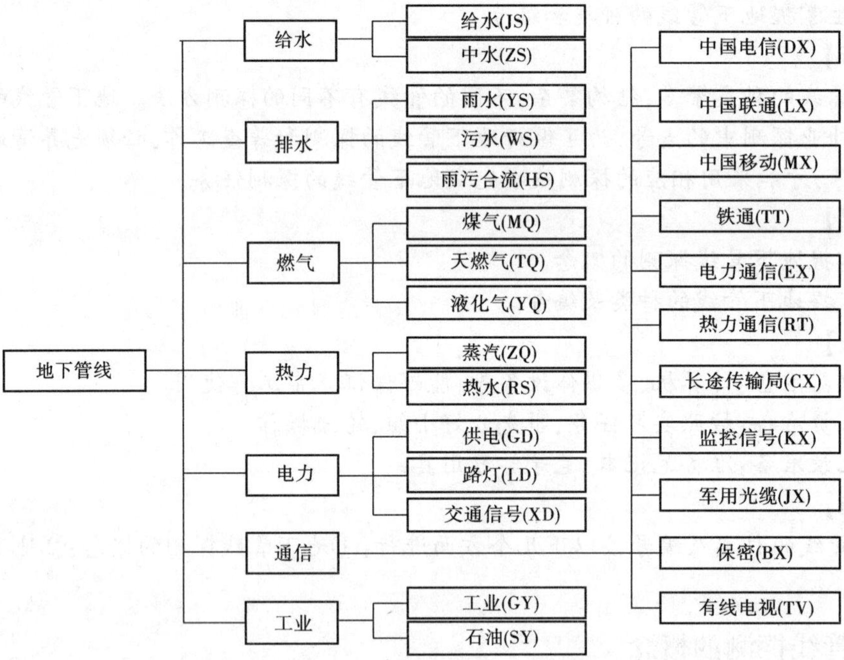

图1-2 地下管线的种类及编号

2.1 给水管道

给水管道包括生活用水、消防用水和工业给水输配水管道等。

子类:给水(JS)、中水(ZS)。

中水,又名“再生水”,是指废水或雨水经适当处理后,达到一定的水质指标,满足某种使用要求,可以进行有益使用的水。通常人们把自来水叫做上水,把污水叫做下水,而再生水的水质介于上水和下水之间,故名中水。中水虽不能饮用,但它可以用于一些水质要求不高的场合,如冲洗厕所、冲洗汽车、喷洒道路、绿化等。

给水和中水的区别:使用上,给水可以直接饮用,中水不能;外观上,中水管道外表常涂白色,并标有“中水”字样。

2.2 排水管道

排水管道指汇集和排放污水、废水和雨水的管渠及其附属设施所组成的系统。该类管道包括干管、支管以及通往处理厂的管道,特殊地区还包括与其工程衔接的明沟(渠)盖板河等。无论修建在街道上还是其他任何地方,只要是起排水作用的管道,都应作为排水管道统计。

子类:雨水(YS)、污水(WS)、雨污合流(HS)。

雨水管道较浅,郑州的一般1.6 m左右;而排水管道一般较深,一般3 m以上,有的十几米。

2.3　燃气管道

燃气管道即输送燃气的专用管道,为人们生产和生活提供能量,可根据管道内输送的燃气介质不同来划分子类。

子类:煤气(MQ)、天然气(TQ)、液化气(YQ)。

煤气主要成分是一氧化碳、甲烷、氢气;天然气主要成分是甲烷;液化气主要成分是丙烷、丁烷、丙烯、丁烯等。

2.4　热力管道

热力管道是从锅炉房、直燃机房、供热中心等出发,从热源通往建筑物热力入口,从而为人们生产和生活提供热量,同样可根据管道内输送的介质来划分子类。

子类:蒸汽(ZQ)、热水(RS)。

热力管道外围通常包有一层保温材料,蒸汽管道多用于企业供热,热水管道多用于居民供热。

2.5　电力管道

电力管道是从变电站、配电站等出发,通过各种输电线到达用电单位/设施,为其提供电力。

子类:供电(GD)、路灯(LD)、交通信号(XD)。

各种电力管道电压:供电,常见的有220 V、380 V、1 kV、10 kV、110 kV;路灯,380 V;交通信号,220 V。

2.6　通信管道

通信管道是从站点、机房等公共资源出发,通过各种传输介质到达用户,为用户提供通话、网络等通信服务,按照权属单位划分子类。

子类:中国电信(DX)、中国联通(LX)、中国移动(MX)、铁通(TT)、电力通信(EX)、热力通信(RT)、长途传输局(CX)、监控信号(KX)、军用光缆(JX)、保密(BX)、有线电视(TV)。

2.7　工业管道

工业管道是为工矿企业、事业单位运输各种原料、产品的管道,广泛应用于石油、天然气、化工、市政、冶金、有色金属、动力、机械、航天航空、轻工等各行各业中,是输送的介质种类最多的管道。

子类:工业(GY)、石油(SY)。

工业管道的介质有很多:压缩空气、氮气、硫酸、硝酸、盐酸、苛性碱、氯化物、沥青、硫黄、尿素溶液等。

任务3　各类地下管线的结构

【任务目的】

使学生了解各类地下管线的系统组成、管材、管件等结构特点。

【任务分析】

对于种类繁多的各种地下管线,其结构也较复杂,先弄清地下各类管线的结构及其特征,选择相应的探测技术方法,才能更好地进行管线探测和普查工作。

【任务要求】

(1)掌握各类管线的系统组成。

(2)了解各类管线的管材。

(3)掌握常见的管线管件。

【任务准备】

(1)仪器准备:计算机、多媒体设备等,能够保证正常工作使用。

(2)人员准备:按照实习任务,事先分好小组,轮流操作。

(3)记录准备:准备笔记本、笔等学习用具。

【任务实施】

各类地下管线的结构按以下几个方面进行:①给水管道结构;②排水管道结构;③燃气管道结构;④热力管道结构;⑤电力管道结构;⑥通信管道结构;⑦工业管道结构;⑧各类管件。

此任务按照地下管线的分类对各类地下管线的结构从系统组成、管材两个方面进行介绍,并结合现场照片使学生对各类管线的实际情况有一个初步的认识。因在管件方面可能几种管道共有,所以没有一一介绍,在最后对各类管道的管件做了一个总体介绍。

1　给水管道结构

1.1　系统组成

给水管道系统一般是由输水管(渠)、配水管网、水压调节设施(泵站、减压阀)及水量调节设施(清水池、水塔、高位水池)等构成,如图 1-3 所示。

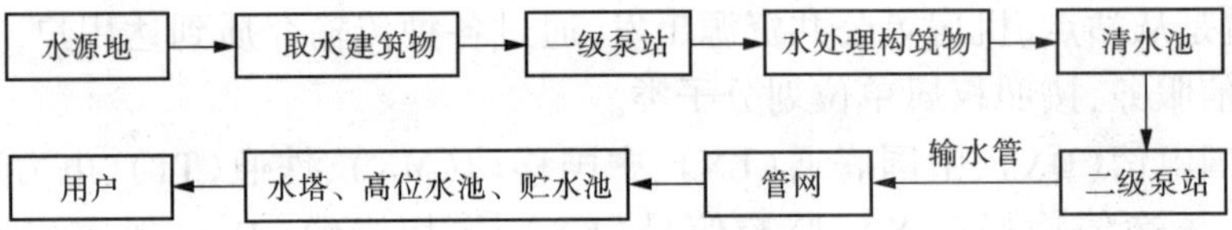

图 1-3　给水管道系统组成

1.2　管材

(1)铸铁管:使用最为广泛。

(2)钢管:口径 150 mm 以下多用。

(3)其他管材:钢筋混凝土管、石棉水泥管等。

1.3　现场照片

给水管道现场照片如图 1-4 和图 1-5 所示。

图 1-4　给水管道施工

图 1-5　给水管道

2　排水管道结构

2.1　系统组成

排水管道是接受、输送和净化城市、工厂以及生活区各种污水的管道。排水管道系统一般由废水收集设施、排水管道、水量调节池、提升泵站、废水输水管(渠)和排放口等组成,如图 1-6 所示。

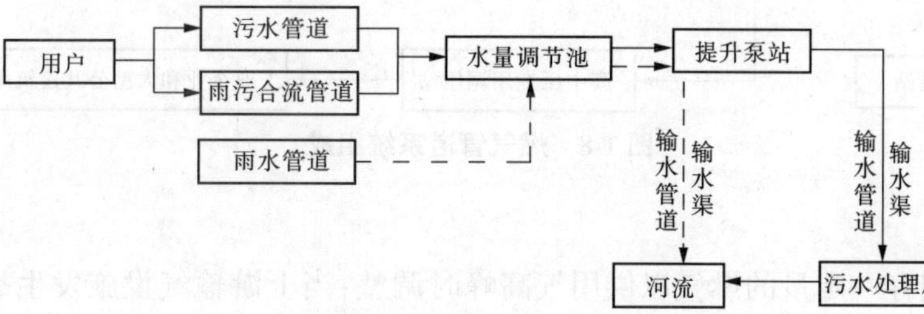

图 1-6　排水管道系统组成

2.2　管材

排水管道管材包括钢筋混凝土管、混凝土管、铸铁管、石棉水泥管、陶瓷管以及砖石沟等。我国的排水管道管材主要是钢筋混凝土管。

2.3　现场照片

排水管道现场照片如图 1-7 所示。

(a)　(b)

图 1-7　排水管道现场

3　燃气管道结构

3.1　系统组成

城镇燃气输配系统一般由门站、储配站、输配管网、调压站以及运行管理操作和控制设施等共同组成。燃气管道系统的组成如图 1-8 所示。

3.1.1　门站

门站负责接收气源(包括煤制气厂、天然气、煤层气及有余气可供应用的工厂等)供城镇使用的燃气,进行计量、质量检测,按城镇供气的输配要求,控制并调节向城镇供应的燃气流量与压力,必要时还需对燃气进行净化、加臭。

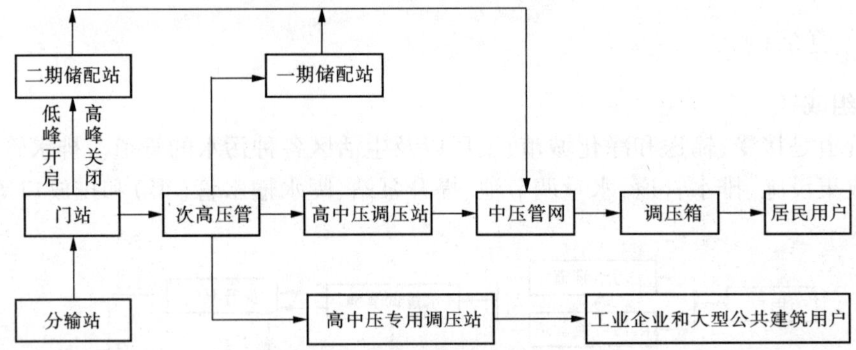

图 1-8 燃气管道系统组成

3.1.2 储配站

储配站是储存一定量的燃气以供用气高峰时调整；当上游输气设施发生故障或维修管道时，保证一定程度的供气，对使用的多种燃气进行混合，使其组分均匀；将燃气加压（或降压）以保证输配管网或用户燃具前燃气的压力。

3.1.3 输配管网

输配管网是将储配站（包括门站）的燃气输送至各储气点、调压站及燃气用户，并保证输气安全可靠。管网布置应尽量靠近用户，以保证用最短的线路长度，达到同样的供气效果。

3.1.4 调压站

调压站是将输气管网的压力调压至下一级管网或用户所需的压力，并使调节后的燃气压力保持稳定。城镇燃气调压设施的布局，应根据管网布置及调压站的作用半径确定。调压站包括用户调压箱和专用调压站。

3.1.4.1 用户调压箱

用户调压箱通常与中压管网或低压管网相连，直接供应居民用户用气。

3.1.4.2 专用调压站

专用调压站在调压设置入口可直接连接较高压力的输气管线，适用于气量较大的工业企业和大型公共建筑用户。

3.1.5 监控及数据采集系统

该系统具有数据采集、生产调度自动化、营业收费自动化及决策支持等功能。

3.1.6 维护与管理中心

维护与管理中心主要负责燃气管网系统的日常运行、维护以及收费，一般燃气企业需要设置燃气维修所。维护与管理中心的布局应满足其服务半径的需要，保障燃气输配系统正常运行。

3.2 管材

燃气管道常用的管材有以下几种：

（1）钢管：承载应力大、可塑性好、便于焊接、管壁薄、施工技术成熟、耐腐蚀性差。

（2）铸铁管：抗拉、抗弯曲、抗冲击能力差，耐腐蚀。

（3）球墨铸铁管：阻力小，宜连接，具有钢管和铸铁管的共同优势。

（4）塑料（PE）管：无腐蚀，质轻，流动阻力小，抗拉、抗弯曲性能好，使用寿命长，施工速度快。

3.3　**现场照片**

燃气管道现场照片如图1-9所示。

(a)

(b)

图1-9　燃气管道现场

4　热力管道结构

4.1　系统组成

城市供热系统是由供热企业经营,对多个用户进行供热的,自热源至城市供热站(或热用户)输送热水或水蒸气的管道系统。该系统主要由管道、管路附件和安全计量表等组成。

按照输送介质不同,分为热水管道和蒸汽管道。

4.1.1　热水管道

热水管道系统组成如图1-10所示。

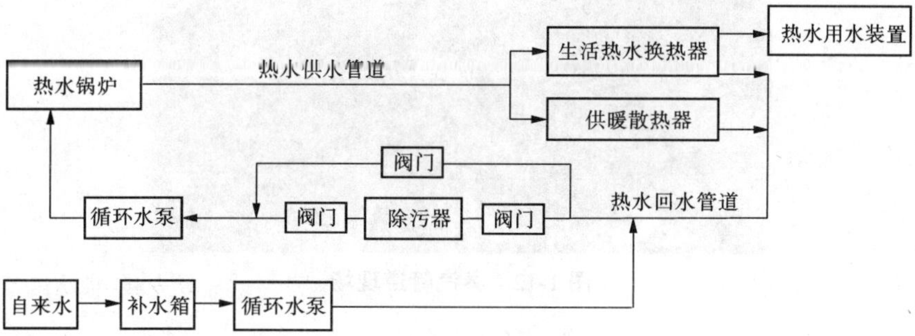

图1-10　热水管道系统组成

4.1.2　蒸汽管道

蒸汽管道系统组成如图1-11所示。

4.2　管材

(1)焊接钢管,又称有缝钢管。它可分为低压流体输送钢管及电焊钢管两大类。

低压流体输送钢管常用来输送水和煤气,俗称为水煤气管。

电焊钢管一般用于压力不高或无严格要求的管路上。

(2)无缝钢管。是由圆钢坯加热后,经穿管机穿孔轧制(热轧)而成的,或者再经过冷拔而成为外径较小的管子,因为它没有接缝,所以称为无缝钢管。它的强度高,可用在重要管

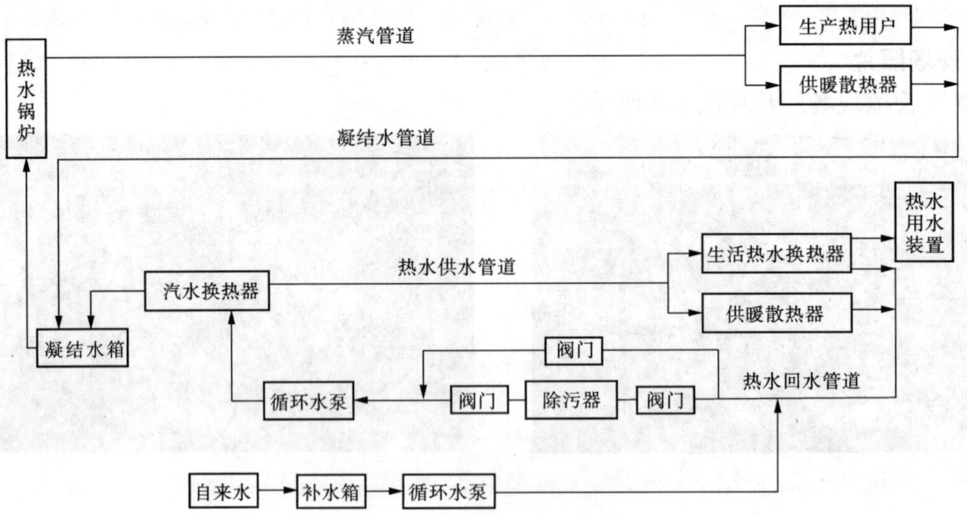

图 1-11　蒸汽管道系统组成

路上,如高压蒸汽和过热蒸汽的管路、高压水和过热水管路、高压气体和液体管路等,各种热交换器的管子大都采用无缝钢管。

4.3　现场照片

蒸汽管道现场照片如图 1-12 所示。

图 1-12　蒸汽管道现场

5　电力管道结构

5.1　系统组成

电力系统是由发电厂、输电网、配电网和电力用户组成的整体,是将一次能源转换成电能并输送和分配到用户的系统,如图 1-13 所示。

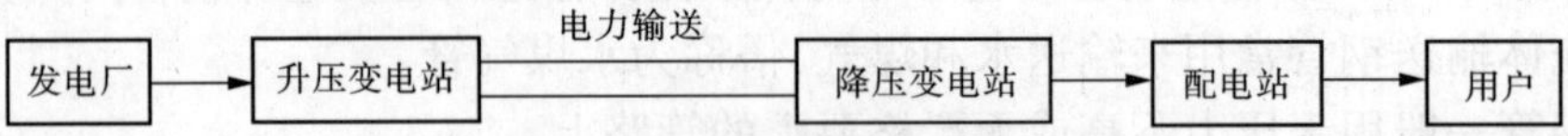

图 1-13　电力管道系统组成

（1）发电厂：是实现把其他形式的能源转化成电能的场所。现在我国的发电厂主要有火力发电厂、水力发电厂、核能发电厂等。此外，还有利用地热能源、再生能源（太阳能、风力、潮汐、波浪、海流）等其他形式的能源进行发电的发电厂。

（2）变电站：改变电压的场所，分为升压变电站和降压变电站。为了把发电厂发出来的电能输送到较远的地方，必须把电压升高，变为高压电，到用户附近再按需要把电压降低，这种升降电压的工作靠变电站来完成。

（3）配电站：是将电送到用电设备或用户的站，是电网的末端，它上连变电站，下连各用电设备。

5.2　管材

电缆按芯线材料可分为一芯、二芯、三芯、四芯、五芯电缆。

电力电缆埋在地下，对电缆保护管的要求较高，常用的有以下几种：

（1）有机高分子材料：如碳素波纹管、PVC 管等。

（2）金属材料：如涂塑钢管、镀锌钢管等。

（3）树脂基纤维增强复合材料：如玻璃钢管等。

（4）水泥基纤维增强复合材料：如低摩擦纤维水泥管、维纶水泥管等。

5.3　现场照片

电力管道的现场照片如图 1-14 和图 1-15 所示。

图 1-14　电力管道检修井

图 1-15　电力管道施工

6　通信管道结构

6.1　系统组成

通信管道按布设形式可分为单局制通信电缆管道系统（见图 1-16）和多局制通信电缆管道系统（见图 1-17）。电信管道按其在通信网络中所处位置、布放电缆的性质、所用的管材和建设的结构不同，可分为出进局管道、主干管道、中继管道、分支电缆、用户管道。

6.2　管材

（1）水泥管：最普通、使用最多的通信管道的管材，是一种多管孔组合式结构的管材。有单孔、双孔、三孔、四孔、六孔、九孔、十二孔、二十四孔等，如图 1-18 所示。

（2）钢管：单孔，按照一定的组合结构方式建成。

（3）聚氯乙烯塑料管：热塑性聚氯乙烯塑料，经过挤压成型的单孔硬性塑料管。

（4）其他管材：石棉水泥管道、陶瓷电信管道等。

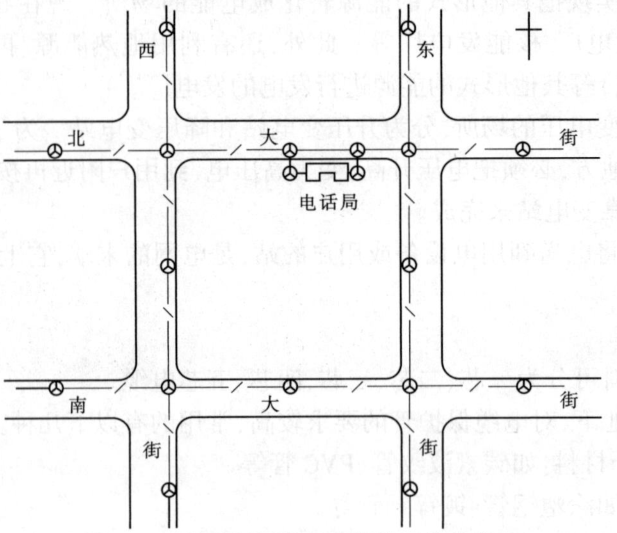

图 1-16　单局制通信电缆管道系统的布设

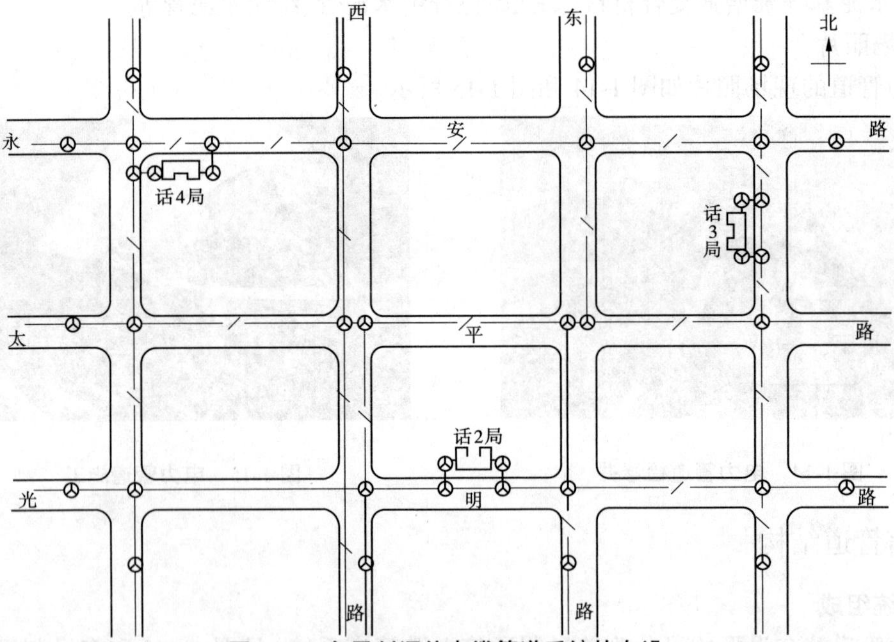

图 1-17　多局制通信电缆管道系统的布设

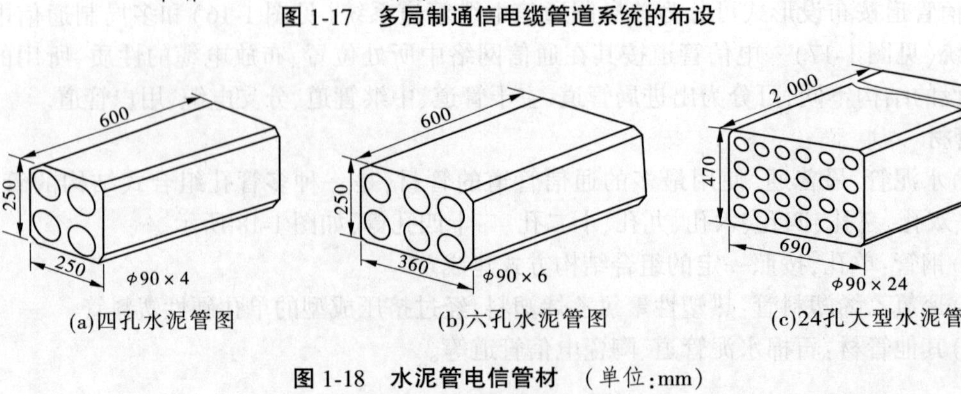

(a)四孔水泥管图　　(b)六孔水泥管图　　(c)24孔大型水泥管图

图 1-18　水泥管电信管材　(单位:mm)

6.3　现场照片

通信管道检修井现场照片如图1-19所示。

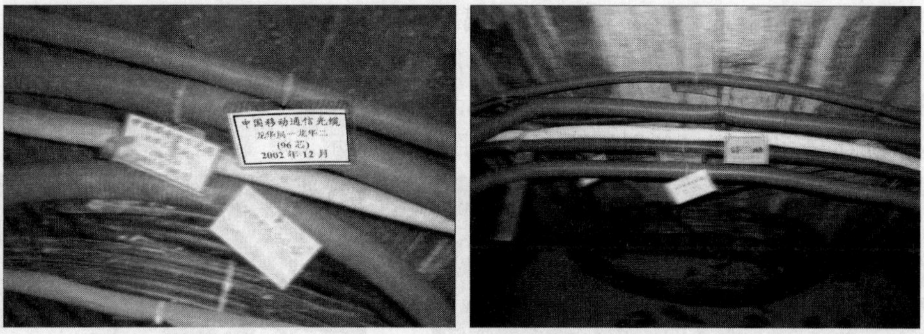

(a)　(b)

图1-19　通信管道检修井内部

7　工业管道结构

7.1　系统组成

工业管道种类很多，下面以输油管道为例进行介绍。

输油管道由输油站和管线两部分组成。

(1)输油站：包括首站、末站、中间输油站等。

(2)管线：包括管道、沿线阀室、穿越江河、山谷等设施和管道阴极防腐保护设施等。

石油管道系统组成如图1-20所示。

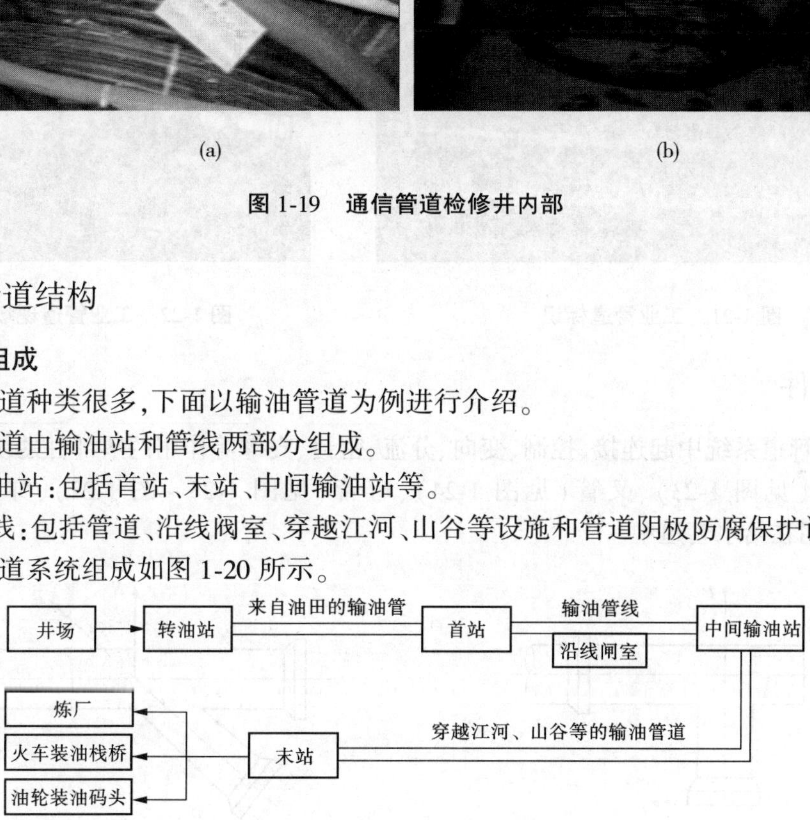

图1-20　石油管道系统组成

7.2　管材

工业管道因输送的介质种类较多，管材也较多，选取常见的几种介绍如下：

(1)无缝钢管：输送燃烧性、爆炸性和有毒害性的介质。

(2)硅铁管：铸铁管的一种，分为高硅铸铁管和抗氯硅铸铁管两种。高硅铸铁管能抵抗多种强酸的腐蚀，而含钼的抗氯硅铸铁管可抵抗各种浓度和温度的盐酸，因此是很好的耐腐蚀性管材。

(3)铝管：是拔制而成的无缝管，主要用来输送浓硝酸、醋酸、甲酸以及其他介质，但不能抗碱液。

(4)铅管：对硫酸具有良好的耐蚀性，因此广泛应用于硫酸工业中，但由于铅管有强度低、密度大、抗热性能差等缺点，故近年来已逐渐被各种耐酸合金管与塑料管所代替。

(5)不锈钢管:具有良好的耐腐蚀性能,广泛用于化学工业、化肥工业、石油工业、医药工业等领域。

(6)塑料管:具有优良的化学稳定性,耐腐蚀,不受酸、碱、盐、油类介质的侵蚀。塑料管管壁光滑,容易切割,并可制成各种颜色,广泛用于化工管路中。

7.3 现场照片

工业管道的标识和现场分别如图 1-21 和图 1-22 所示。

图 1-21　工业管道标识

图 1-22　工业管道现场

8　各类管件

管件是管道系统中起连接、控制、变向、分流、密封、支撑等作用的零部件的统称。

丁字管(见图 1-23)、叉管(见图 1-24)、弯管(见图 1-25 ~ 图 1-27)、穿墙套管(见图 1-28)常用在给水管道中。

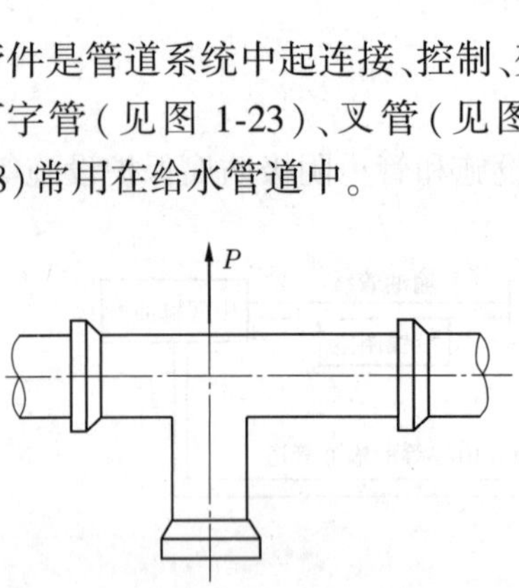

图 1-23　丁字管

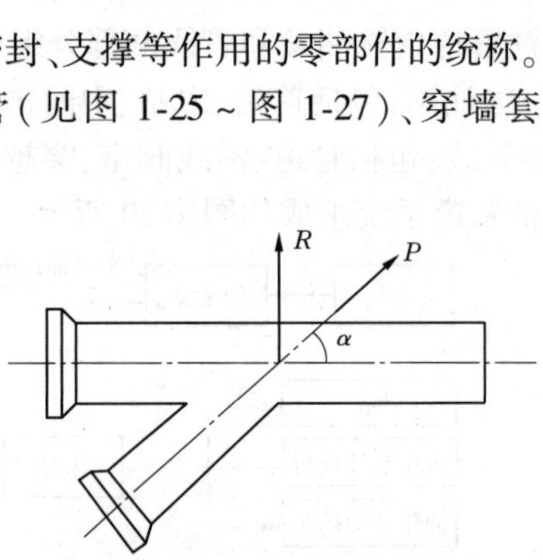

图 1-24　叉管

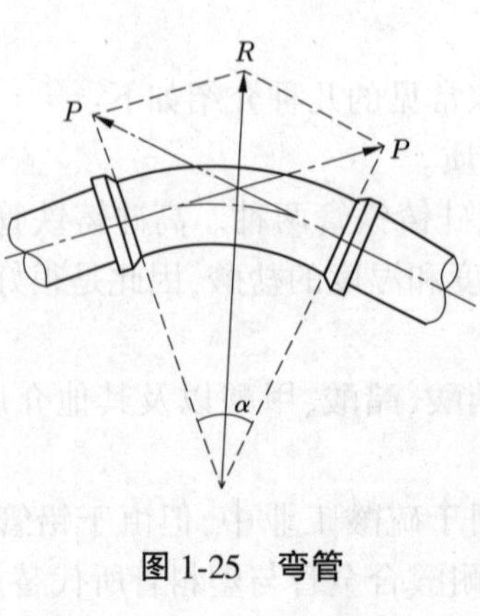

图 1-25　弯管

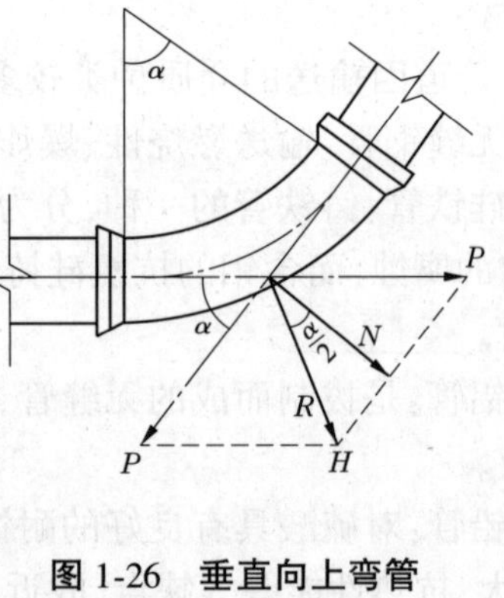

图 1-26　垂直向上弯管

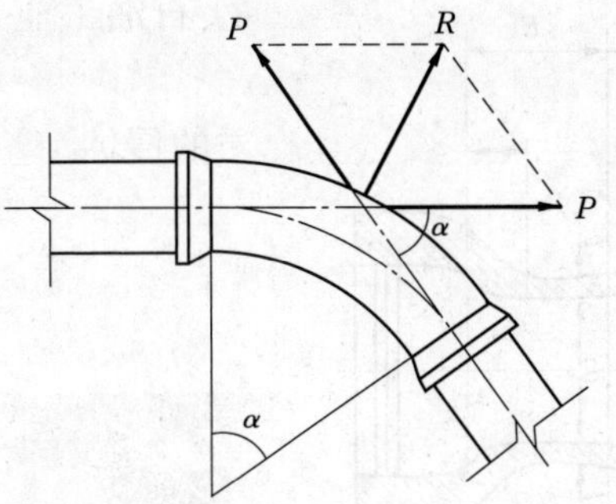

图 1-27　垂直向下弯管

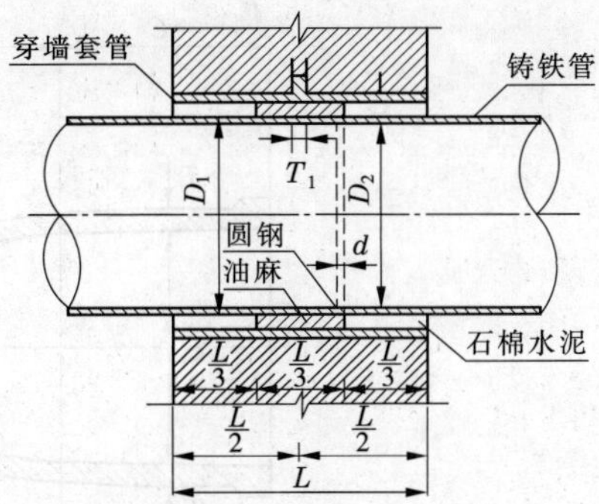

D_1—管件穿管子的外径;D_2—管件的内径

图 1-28　穿墙套管

全承丁字管(见图 1-29)、全承十字管(见图 1-30)、45°双盘弯管(见图 1-31)、90°承插弯管(见图 1-32)、插承渐缩管(见图 1-33),常用在燃气、工业、热力等管道中。

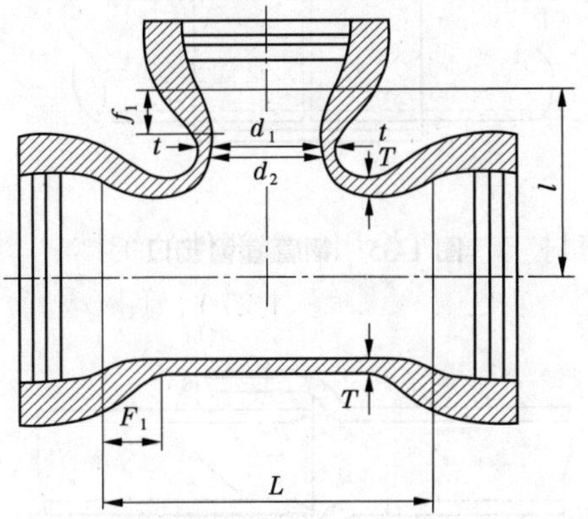

图 1-29　全承丁字管

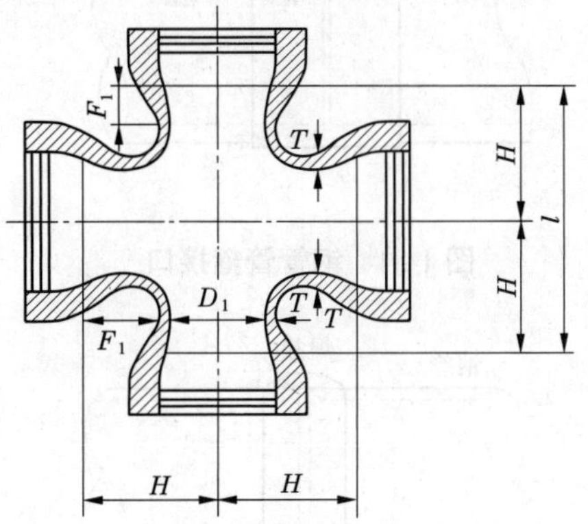

图 1-30　全承十字管

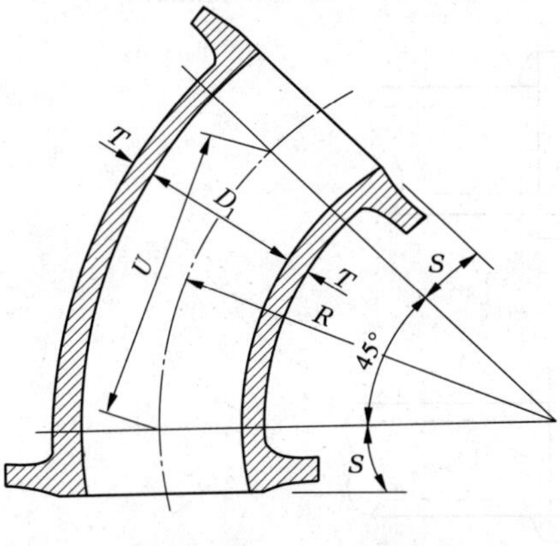

图 1-31　45°双盘弯管

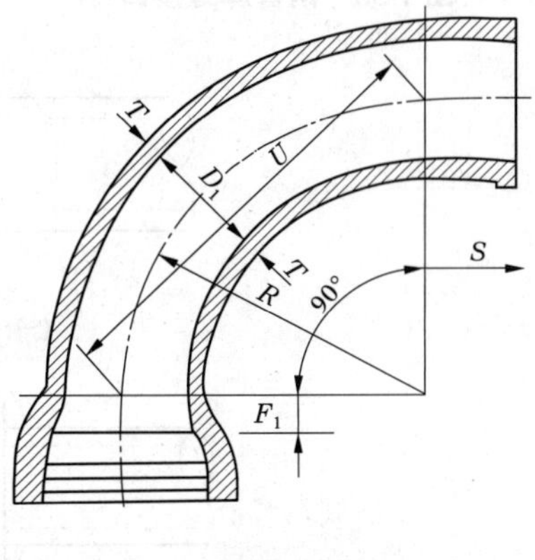

图 1-32　90°承插弯管

钢管管箍接口(见图 1-34)、钢管套管接口(见图 1-35)、钢管焊缝接口(见图 1-36)、塑料管粘胶接口(见图 1-37)、塑料管套管接口(见图 1-38)常用在电力、通信管道中。

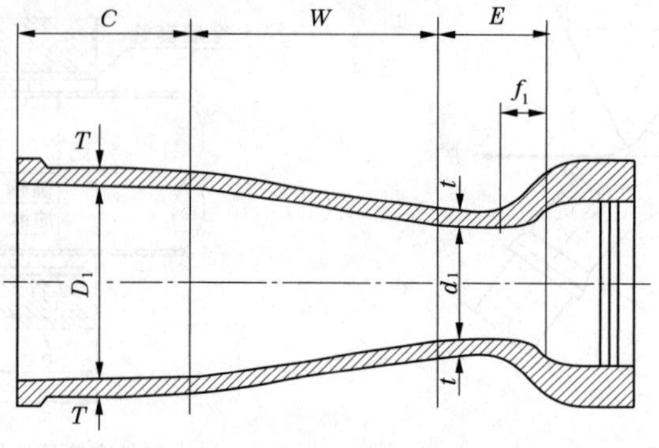

图 1-33 插承渐缩管

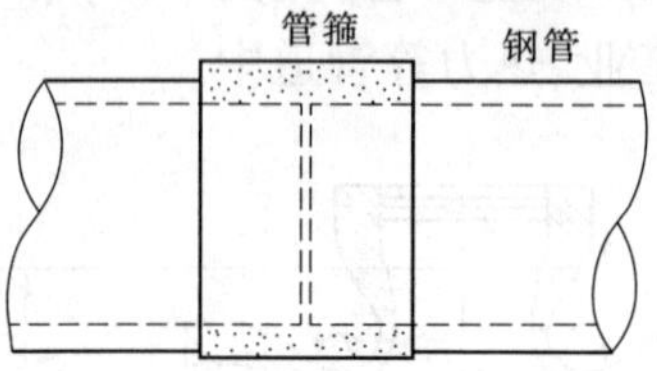

图 1-34 钢管管箍接口

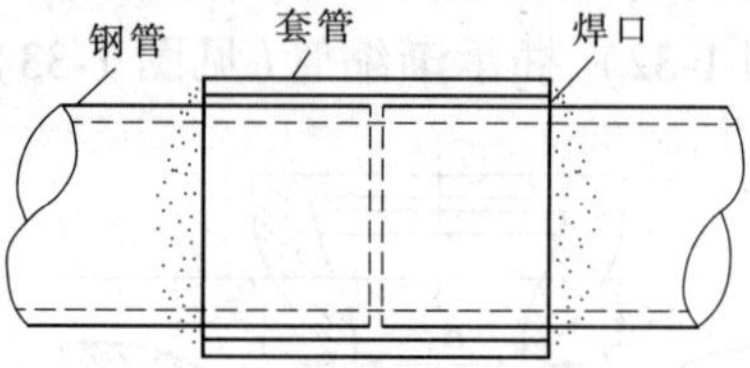

图 1-35 钢管套管接口

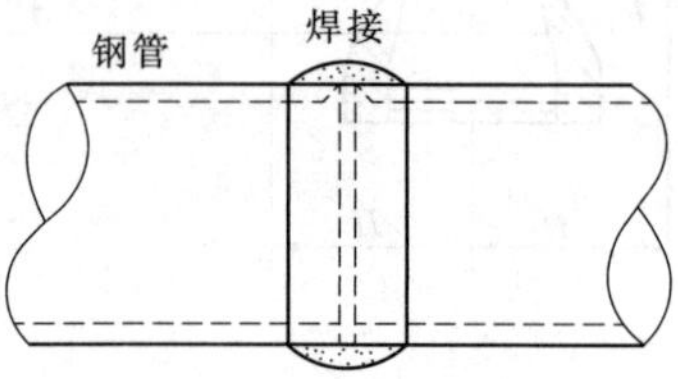

图 1-36 钢管焊缝接口

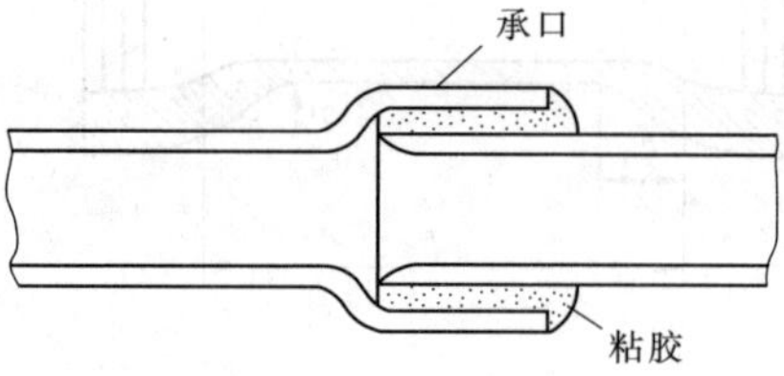

图 1-37 塑料管粘胶接口

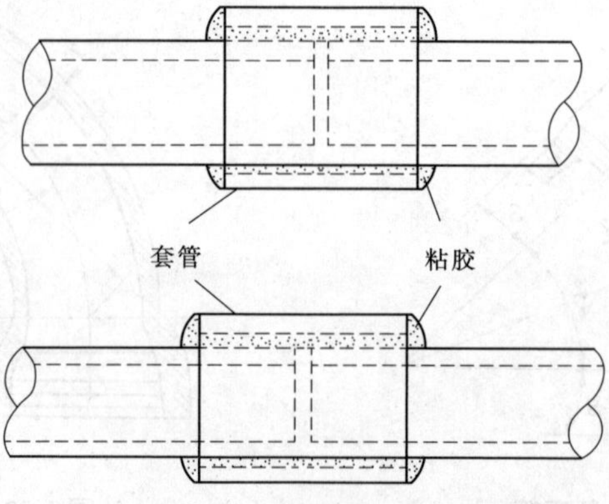

图 1-38 塑料管套管接口

习　题

1. 引起地下管线事故的原因有哪些?
2. 面对城市地下管线如此严重的问题,我们该如何应对呢?
3. 我国城市地下管线混乱无序的现状主要表现在哪些方面?
4. 简述地下管线在城市规划建设和管理中的作用与地位。
5. 简述城市地下管线探测的概念及特点。
6. 以郑州为例,简述地下管线的种类与编号。
7. 简述各种地下管线常见的管材有哪些?
8. 最容易发生事故的管线种类有哪些?
9. 造成地下管线事故的主要原因有哪些?
10. 简述地下管线探测的规范现状。
11. 简述各类城市地下管线的系统组成。

项目2 地下管线探测的基本规定

【项目导航】

重点：

常见的管线探测的任务；各种管线探测任务的探测范围；各类地下管线探测任务对比例尺选择的要求；地下管线的探测精度；各类管线需实地调查的项目；各类管线需测量的建（构）筑物和附属设施。

难点：

各种管线探测任务需要注意的问题；地下管线的探测精度；各类管线需测量的建（构）筑物和附属设施的结构特征。

任务：

使学生了解城市地下管线普查工作的现状；了解城市地下管线普查法规标准现状；掌握城市地下管线普查的范围；掌握厂区或住宅小区管线探测的特点、范围、应注意的问题；掌握施工场地管线探测的范围、应注意的问题；掌握专用管线探测的要求；掌握地下管线隐蔽管线点的探查精度；掌握地下管线点的测量精度；掌握地下管线图测绘精度；掌握地下管线探测的对象；掌握各类地下管线探测任务对坐标与高程系统的要求；掌握各类地下管线探测任务对比例尺选择的要求；掌握各类管线需实地调查的项目；掌握各类管线需测量的建（构）筑物、附属设施，并了解其结构特征；提高对知识的学习欲望，培养独立思考、团队合作的能力。

流程：

地下管线探测基本规定流程图如图2-1所示。

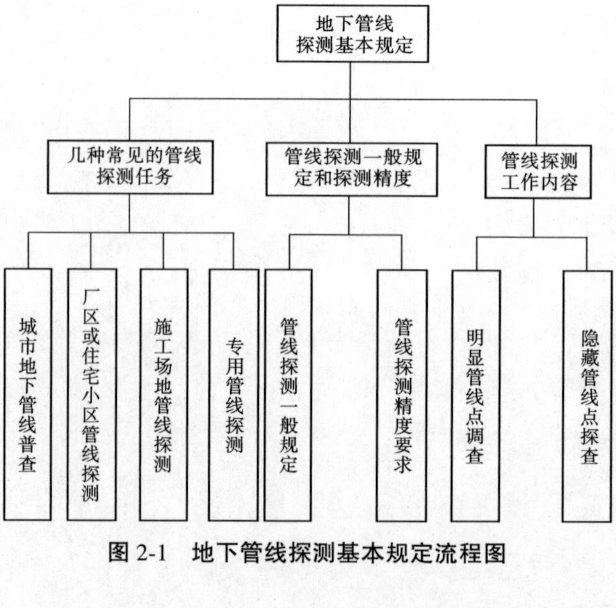

图2-1 地下管线探测基本规定流程图

任务 1　常见的管线探测任务

【任务目的】

使学生掌握常见的管线探测任务的特点、范围以及应注意的问题。

【任务分析】

城市地下管线普查、厂区或住宅小区管线探测、施工场地管线探测、专用管线探测等是几种常见的管线探测任务,只有掌握这几种管线探测任务各自的特点、范围以及探测过程中应注意的问题等,才能对所做的管线探测任务有清楚的认识,做到有的放矢。

【任务要求】

(1)了解城市地下管线普查工作的现状。

(2)了解城市地下管线普查法规标准现状。

(3)掌握城市地下管线普查的范围。

(4)掌握厂区或住宅小区管线探测的特点、范围和应注意的问题。

(5)掌握施工场地管线探测的范围和应注意的问题。

(6)掌握专用管线探测的要求。

【任务准备】

(1)仪器准备:计算机、多媒体设备等,能够保证正常工作使用。

(2)人员准备:按照实习任务,事先分好小组,轮流操作。

(3)记录准备:准备笔记本、笔等学习用具。

【任务实施】

几种常见的管线探测任务按以下几个方面进行:①城市地下管线普查;②厂区或住宅小区管线探测;③施工场地管线探测;④专用管线探测。

1　城市地下管线普查

1.1　普查工作现状

截至 2011 年底,全国大部分省会级以上城市开展了地下管线普查,地级城市中完成地下管线普查的有近 30%,县级城市中完成地下管线普查的约占 20%,完成地下管线普查的城市约占城市总数的 1/3。完成地下管线普查的城市大部分集中在 2000 年后,据中国城市规划协会地下管线专业委员会的一项调查统计,仅 2000～2006 年的 7 年间,我国就有 127 个城市开展了城市地下管线普查和信息系统建设,占当时全国城市总数量(669 个)的 19%,其中东部占比例较高;开展和部分开展城市地下管线普查和信息系统建设的直辖市和省会城市为 25 个,如表 2-1 所示。

表 2-1 中,截至 2006 年,我国 GDP 排名前 10 位的城市已经 100%的开展了城市地下管线普查和信息系统建设;我国 GDP 排名前 10 位的各省地级以上城市(147 个)中,有近 50%城市(73 个)开展了城市地下管线普查和信息系统建设,其中东部地区占 77%,西部地区仅占 23%。中国城市规划协会地下管线专业委员会最近一次调查表明,在 2000～2010 年间开展地下管线普查的城市约 180 个,数据表明各地推进开展城市地下管线普查工作呈现较好的上升态势,这与政府政策引导、地方政府重视和行业推动密不可分,也与当地经济发展水平有关。

表 2-1　2000～2006 年开展管线普查的城市统计

城市类型和数量		项目	城市个数	所占比例
直辖市和省会城市		地下管线普查	18	58%
		信息系统建设	7	23%
GDP 排名前 30 位城市		信息系统建设	25	83%
各省 GDP 排名靠前的地级以上城市	东部 96 个	已经开展地下管线普查和信息系统建设工作	56	58%
	西部 51 个		17	33%

1.2　普查法规标准现状

纵观我国目前已发布的现有法规和部门规章，除建设部颁布的第 136 号令《城市地下管线工程档案管理办法》管理的主体对象是城市地下管线工程档案外，在其他法规里，城市地下管线只是作为附属对象进行管理；我国现行有关地下管线的工程建设标准有 40 多个，如《室外给水设计规范》(GB 50013—2006)、《35～110 kV 变电所设计规范》(GB 50059—97)、《城市测量规范》(CJJ/T 8—2011)等。但是上述技术标准规范主要是针对地下管线在设计、施工阶段，并不涉及地下管线普查方面。与地下管线普查有关的现行行业标准是 2003 年发布的《城市地下管线探测技术规程》(CJJ 61—2003)和 2010 年发布的《城市地下管线探测工程监理技术导则》，到目前为止，国内已颁布的地下管线普查行业标准就这两部。尽管有些省会城市陆续颁布了一些法规，比如，北京市 2005 年 2 月颁布的《北京市城市地下管线管理办法》，但相对全国来说，还有相当多的城市没有相关的法律法规，我国地下管线相关的法律法规还比较缺失。

1.3　普查范围

城市地下管线普查应根据城市规划管理部门或公用设施建设部门要求进行，其范围主要包括城市道路、河流两侧、广场等主干管线通过的区域。机关、企事业单位、住宅小区等列为非普查区，内部管线不查。但对穿越上述非普查区的主干管线不能中断，以保持主干管线的连续性。其中，排水管道应查至出水口(井)；中压燃气管道查至调压站(箱)；管径大于等于 100 mm 的给水管道查至水表井(组)；电力电缆查至开闭所、配电房或变电站(箱)；热力管道查至阀门井或换热站；通信光(电)缆查至分支箱或配电室(柜)；普查范围内的长输或高压油(气)管线、长途光(电)缆均应探测。具体的管线普查取舍标准应按照各地市出台的管线普查技术规程要求，如表 2-2 为《城市地下管线探测技术规程》(CJJ 61—2003)规定的管线普查取舍标准。

1.4　普查方法及流程

城市地下管线普查涉及多专业、多工序，科学的工作流程应该使各专业充分配合，各工序间充分衔接，工作效率高，作业质量有保证。普查工作流程包括探查前准备工作(接受任务、收集资料、现场踏勘、仪器检验和方法试验、编写技术设计书)、实地探查、地下管线点测量、地下管线图编绘、数据库的建立、编写技术总结报告、成果提交验收等。具体过程及每一阶段具体工作详见本书项目 3。

表2-2 ××市管线探查取舍标准

管线种类	取舍标准
给水	管径≥50 mm或≥100 mm
排水	方沟≥400 mm×400 mm,管径≥200 mm
燃气	管径≥50 mm或≥75 mm
电力	全测
路灯	全测
工业	全测
热力	全测

2 厂区或住宅小区管线探测

随着城市建设的发展,厂、矿、企业、生活小区的新建、改建、扩建项目也在日益增多,在这些项目新建和改建、扩建过程中,一般实行全部机械化施工,但是由于对地下管线埋设分布不清,经常会挖断各种管线,从而造成很大的经济损失。另一方面,随着城市数字化发展与管理需要,城市小区地下管线普查工作的重要性日益突出,厂区和住宅小区的管线探测将为城市安全运行、市政管理、环境保护以及数字城市建设提供基础的数据保障。

2.1 探测特点

(1)管线排列相对密集、种类各异、相互交错的地方多而且复杂,探测过程中要实施的探测点密度大。

(2)管线埋深相对市政道路上的管线来说一般较浅,且管径一般较小。

(3)管道材质多元化。另外,由于现代生活小区越来越美观,小区内的景观点也越来越多,如假山、景观绿化带等,这些都对探测工作形成障碍,增加了探测的难度。

(4)部分厂区和住宅小区为了美观和安全,对小区内的管道窨井盖进行填埋,增大了探测工作量和难度。

2.2 探测范围

厂区或住宅区管线探测应根据工厂或住宅小区管线探测设计、施工和管理部门的要求进行,其探测范围应大于厂区、住宅小区所辖区域或要求指定的其他区域,具体根据《城市地下管线探测技术规程》(CJJ 61—2003)和业主方的要求来定。

2.3 探测方法及流程

探测方法和流程与城市管线普查流程大致一致,在此不作过多赘述。

2.4 应注意的问题

(1)厂区和城市小区地下管线的取舍标准:厂区和城市小区的地下管线的规格相比市政管线的规格来说要小得多,并且厂区和住宅小区地下管线的普查的目的不同于城市综合地下管线的普查。因此,厂区和住宅小区地下管线的普查取舍标准不能全盘照抄城市管线普查标准。“地下管线探测的取舍标准应根据各城市的具体情况、管线疏密程度和委托方的要求确定”。城市小区地下管线的取舍标准就宜具体情况具体分析。比如,在城市综合地下管线普查中排水的取舍标准是“管径≥300 mm 或方沟≥300 mm×300 mm”,如果将这个普查取舍标准作为一些城市小区的地下管线取舍的依据,就很可能出现无排水管线可探测的结果。

(2)厂区和住宅小区地下管线的管点设置。厂区和住宅小区地下管线埋设相比市政管线来说要随意得多,加上管道规格小,拐点或变深随处可见。因此,探查时,厂区和住宅小区地下管线管点设置要非常注意,否则就很容易出现管线空间碰撞的失真形态。厂区和住宅小区地下管线的管线点设置基本原则为:应以能反映管线三维空间形态特征为基准。尤其要注意在管线点裸露的地方,在管线重复交叉的地方应加强加密管线点位来进行局部空间控制,尽量避免管线点间连接线路出现空间不属实的情况。

比如对郑州测绘学校校内的所有管线进行探测,就属于这部分的任务,注意探测范围不仅包括校内的所有管线,还需要探测出和学校相邻的主干道上的管线点,查明学校的给水管线是从哪来的,学校的污水管线是从哪出去的。

3 施工场地管线探测

在专项工程开工前,为了防止施工机械挖断、碾压等破坏地下管线,防止施工开挖破坏地下管线,需要进行施工场地的管线探测。

3.1 探测范围

探测范围包括需要开挖的区域和可能受开挖影响威胁地下管线安全的区域。此外,为了查明测区地下管线的分布有时还需要再扩大范围。这需要有一定的相关知识和经验。以非开挖为例,由于开挖基坑可能引起周围地面沉降,过大的沉降会导致地下管线破裂,这样的沉降区也应该包括在探测范围内。

3.2 应注意的问题

(1)管线点探测间距:管线点间距的要求比较小,实地间距一般要求大于等于 10 m,且在穿越对场地设计、施工有重大影响的区域时,应加密定点。当管线弯曲时,为了完整反映出管线位置,在关键位置有可能每隔 2~3 m 就设置一个管线点,甚至更小。在这四类管线探测中,施工场地管线探测对管线点间距要求最严格。

(2)管线点的取舍:对于施工场地的管线,要求全测,不应有取舍。比如要修建一座高架桥,需要挖基坑埋设桥墩,首先要查明施工范围内的所有管线情况,然后设计桥墩埋设位置,避免造成施工事故。

4 专用管线探测

专用管线的探测一般是为了满足某项管线工程的需要,为其规划、设计、施工和按照管理部门的要求提供资料,其探测范围应包括工程敷设的区域。

比如要对郑州市二七区大学路的给水管线进行重新规划,那么就需要对大学路的所有管线进行探测,查清已有的给水管线和其他管线的情况,在此基础上进行设计、施工。

任务2　地下管线探测的一般规定和精度要求

【任务目的】

使学生掌握管线探测的一般规定和精度要求。

【任务分析】

管线探测的一般规定是各类地下管线探测任务实施的依据,地下管线探测的精度要求是保证项目成果符合精度要求,工程最终验收顺利通过的保证。

本次任务明确了地下管线探测的一些规定性要求,以及地下管线探测中的精度指标,在探测过程中要严格按照要求操作,地下管线探测过程中每步都需要检核,如果有的步骤超限,需要按照本书项目3中相应规定重测部分或全部内容。

【任务要求】

(1)掌握地下管线探测的对象。

(2)掌握各类地下管线探测任务对坐标与高程系统的要求。

(3)掌握各类地下管线探测任务对比例尺选择的要求。

(4)掌握地下管线隐蔽管线点的探查精度。

(5)掌握地下管线点的测量精度。

(6)掌握地下管线图测绘精度。

【任务准备】

(1)仪器准备:计算机、多媒体设备等,能够保证正常工作使用。

(2)人员准备:按照实习任务,事先分好小组,轮流操作。

(3)记录准备:准备笔记本、笔等学习用具。

【任务实施】

地下管线探测的一般规定和精度要求按以下几个方面进行:①地下管线探测的一般规定;②地下管线探测的精度要求。

1　地下管线探测的一般规定

(1)地下管线探测的对象应包括埋设于地下的给水、排水、燃气、热力、工业等各种管道和电力、电缆等。

(2)城市地下管线普查和专用管线探测采用的平面坐标系统和高程系统必须与当地城市的平面坐标系和高程系统相一致。当厂区或住宅小区地下管线探测和施工场地管线探测采用非当地统一坐标系统时,应与当地城市坐标系统建立换算关系。根据《城市地下管线探测技术规程》(CJJ 61—2003)规定,地下管线探测基本比例尺的选择宜按照表2-3的要求。

表2-3　地下管线探测基本比例尺的选择

探测类别		选用比例尺
市政公用管线探测	市区	1:500~1:2 000
	市郊	1:1 000~1:5 000
厂区或住宅小区管线探测		1:500~1:1 000
施工场地管线探测		1:200~1:1 000
专用管线探测		1:500~1:5 000

(3)其他规定还包括地下管线图的编绘方法、内容和要求,以及成果表编制和编绘检查以及成果质量检查等,详见本书项目3。

2 地下管线探测的精度要求

地下管线点分为明显管线点和隐蔽管线点。明显管线点直接可以借助精密测量仪器测量其位置,而不需要借助物探探查;隐蔽管线点需要通过物探方法探查其深度和投影到地面的平面位置,在地面设置标志,再通过测量技术得到其平面坐标和高程。因此,两种管线点的精度不同,明显管线点的精度即为测量精度,隐蔽管线点的精度包括探查精度和测量精度。

城市地下管线探测采用的地形图比例尺,应与城市基本比例尺一致,施工场地管线探测地形图比例尺可按实际情况而定。地下管线图的测绘精度分为两种:一种是地下管线的实测线位与邻近地下建筑物、相邻管线、规划道路中心线的间距中误差;另一种是探测地下管线线位的中误差,这是现行《城市测量规范》中没有提到的,由探查误差、测量误差和展绘误差共同引起的。

我国《城市地下管线探测技术规程》(CJJ 61—2003)规定:

(1)地下管线隐蔽管线点的探查精度。

平面位置限差:$0.10h$;埋深限差:$0.15h$。

其中,h 为地下管线的中心埋深,单位为 cm;当 $h<100$ cm 时则以 100 cm 代入计算。

注:特殊工程精度要求可由委托方与承接方商定,并以合同形式书面确定。

(2)地下管线点的测量精度。平面位置中误差不得超过±5 cm(相对于邻近控制点),高程测量中误差不得超过±3 cm(相对于邻近控制点)。

(3)地下管线图测绘精度。地下管线与邻近的建筑物、相邻管线以及规划道路中心线的间距中误差不得超过图上±0.5 mm。

任务3 地下管线探测的工作内容

【任务目的】

使学生掌握管线探测的工作内容。

【任务分析】

管线探测的工作内容是地下管线探测任务实施的具体内容。明确了地下管线探测的工作内容,就会对整个管线探测工作任务有宏观的认识。

本次任务明确了地下管线需实地调查的项目,各类管线有所不同,在探测任务中需严格按照此规定执行才能确保成果符合要求。并介绍了各类管线的建(构)筑物及附属设施,且给出了大部分实地图片,对学生理解此部分内容有很大帮助。

【任务要求】

(1)掌握各类管线需实地调查的项目。

(2)掌握各类管线需测量的建(构)筑物。

(3)掌握各类管线需测量的附属设施。

(4)了解各类管线建(构)筑物的结构特征。

(5)了解各类管线附属设施的结构特征。

【任务准备】

(1)仪器准备:计算机、多媒体设备等,能够保证正常工作使用。

(2)人员准备:按照实习任务,事先分好小组,轮流操作。

(3)记录准备:准备笔记本、笔等学习用具。

【任务实施】

地下管线探测的工作内容按以下几个方面进行:①各类地下管线实地调查项目;②各类地下管线的建(构)筑物和附属设施。

1 各类地下管线实地调查项目

对于不同的地下管线,进行实地调查时,调查项目是不一样的。对于不同管线的具体要求如表 2-4 所示。

表 2-4 各类地下管线实地调查项目

管线类别		所在道路	埋深		断面尺寸		载体特征		管道材质	管道流体性质	电缆根数	已用孔数/总孔数	附属设施	权属单位埋设日期
			管块外顶	管沟内底	管径	宽×高	压力电压	流向						
给水		△	△		△				△				△	△
排水	管道	△		△	△			△	△				△	△
	方沟	△		△		△		△	△				△	△
燃气		△	△		△		△		△				△	△
电力	直埋	△	△		△		△		△		△		△	△
	管块	△	△			△	△		△			△	△	△
	沟槽	△		△		△	△		△		△		△	△
通信	直埋	△	△		△				△		△		△	△
	管块	△	△			△			△			△	△	△
	沟槽	△		△		△			△		△		△	△
热力		△	△		△		△	△	△	△			△	△
工业		△	△		△		△	△	△	△			△	△

注:1. 表中"△"为应调查项目。

2. 断面尺寸(含电力、电信的管沟与管块的外包络尺寸)是指宽(mm)×高(mm),直埋电力、电信为缆径或外包络尺寸。

3. 不规则管块按断面尺寸以其外部矩形包络尺寸表示。

4. 材质主要指铸铁、钢、铜、铝、光纤、混凝土、PVC、PE、石棉、陶土、陶瓷、砖石、砖混等。

5. 同沟(管组)铺设的多种电压等级的电力电缆以其最高电压表示。

6. 同沟(管组)铺设的不同权属单位的管线应分类探查。

7. 电缆沟(管组)需同时调查沟或管组的顶深和断面尺寸。

8. 管沟(道)测注的平面位置为管沟(道)内底中心位置,埋深为内底到地面的距离,套管和直埋电缆均以上顶计。综合管沟(道)内的管线要分别探测其平面位置和埋深。

9. 电信、电力、有线电视等套管的断面尺寸为宽×高,量至套管的外径,对不规则的套管量测其外包络尺寸。

2　各类地下管线的建(构)筑物和附属设施

各类地下管线的建(构)筑物和附属设施如表 2-5 所示。

表 2-5　各类地下管线的建(构)筑物和附属设施

管线类别	建(构)筑物	附属设施
给水管道	水源井、给水泵站、水塔、清水池	阀门、水表、消火栓、排气阀、排泥阀、预留接头、阀门井
排水管道	排水泵站、沉淀池、化粪池、净化构筑物、暗沟地面出口	检查井、跌水井、水封井、冲洗井、沉泥井、进出水口、雨水箅、排污装置
燃气、热力及工业管道	调压房、煤气站、锅炉房、动力站、储气柜、冷却塔	排气装置、凝水井、各种窨井、阀门
电力管道	变电所(站)、配电室、电缆检修井、各种塔(杆)	杆上变压器、露天地面变压器、各种窨井、人孔井
电信管道	变换站、控制室、电缆检修井、各种塔(杆)、增音站	交接箱、分线箱、各种窨井、检修井

2.1　给水管道

2.1.1　建(构)筑物

(1)水源井:指的是直接从地下取水的水井。

(2)给水泵站:是给水工程系统中的扬水设施。根据泵站在给水系统中的作用主要划分有以下四种泵站:

一级泵站:将原水从水源输送(一般为低扬程)到处理厂,当原水无需处理时直接送入给水管网、蓄水池或水塔。一级泵站可与取水构筑物合建或分建。泵站的输水能力等于处理厂供水能力加水厂用水量,一般全日均匀供水。

二级泵站:将处理厂清水池中的水输送(一般为高扬程)到给水管网,以供应用户需要。二级泵站的供水能力必须满足最高时的用水要求,同时也要适应用水量降低时的情况。为使水泵在高效条件下运行,一般设多台水泵,由泵间的不同组合,以及设置水塔或水池,来适应供水量的变化。有的采用调速水泵机组,以适应供水量和水压的变化。

增压泵站:提高给水管网中水压不足地带水压的泵站。在扩建或新建管网时都可采用。特别是在地形狭长或高差较大的城市或对个别水压不足的建筑物,设置增压泵站一般较为经济合理。

循环泵站:将生产过程排出的废水经处理后,再送回生产中使用的泵站,如冷却水的循环泵站。

给水泵站由泵房、动力及配电设备和辅助间三部分组成,其附属构筑物有进水池和阀门井等。泵房是安装水泵机组、管道、阀门、起动设备和吊车等的场所。水泵一般采用离心泵,有卧式及立式两种,按叶轮数目分为单级及多级离心泵,多级泵用于高压供水系统。动力设备通常采用电动机,有时用内燃机。配电设备包括高、低压配电和控制机组运行的电气设备及各种监测仪表等。给水泵站视当地条件和需要可建成地面式、半地下式或地下式,有的还可建露天泵站。给水泵站的运行有人工操纵、半自动及全自动控制等方式,以半自动泵站较多。

(3)水塔:一般居民区里起蓄水作用,见图2-2。

(4)清水池:给水系统中调节水厂均匀供水和满足用户不均匀用水的调蓄构筑物。作用是让过滤后的洁净澄清的滤后水沿着管道流往其内部进行贮存,并在清水中再次投加入液氯进行一段时间消毒,对水体的大肠杆菌等病菌进行杀灭以达到灭菌的效果,见图2-3。

图2-2　水塔

图2-3　清水池

2.1.2　附属设施

(1)阀门:给水管道上的开关,见图2-4。

(2)水表:测量水流量的仪表。大多是水的累计流量测量。一般分为容积式水表和速度式水表两类。前者的准确度较后者高,但对水质要求高,水中含杂质时易被堵塞。记录自来水用水量的仪表,装在水管上,当用户放水时,表上指针或字轮转动指出通过的水量,见图2-5。

图2-4　阀门

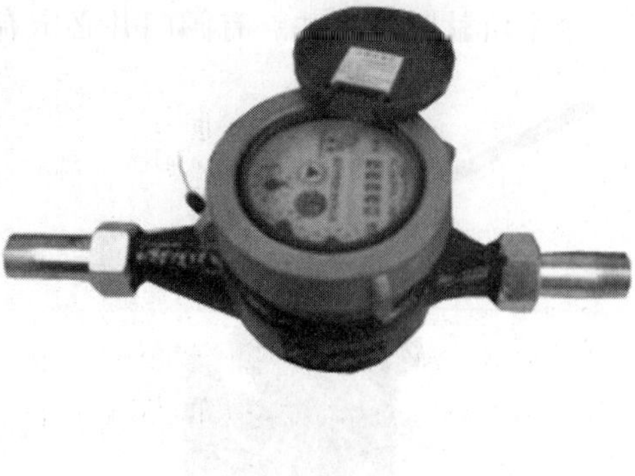

图2-5　水表

(3)消火栓:一种固定消防工具。主要作用是控制可燃物、隔绝助燃物、消除着火源。消防系统包括室外消火栓系统、室内消火栓系统、灭火器系统,有的还会有自动喷淋系统、水炮系统、气体灭火系统、火探系统、水雾系统等。消防栓主要供消防车从市政给水管网或室外消防给水管网取水实施灭火,也可以直接连接水带、水枪出水灭火。所以,室外消火栓系统也是扑救火灾的重要消防设施之一,见图2-6。

(4)排气阀:因为水中通常都溶有一定的空气,而且空气的溶解度随着温度的升高而减少,这样水在循环的过程中气体逐渐从水中分离出来,并逐渐聚在一起形成大的气泡甚至气柱。当系统中有气体溢出时,气体会顺着管道向上爬,最终聚集在系统的最高点,而排气阀一般都安装在系统最高点,当气体进入排气阀阀腔聚集在排气阀的上部时,随着阀内气体的增多,压力上升,当气体压力大于系统压力时,气体会使腔内水面下降,浮筒随水位一起下降,打开排气口;气体排尽后,水位上升,浮筒也随之上升,关闭排气口,见图 2-7。

图 2-6　消火栓

图 2-7　排气阀

(5)排泥阀:自来水厂的附属设备,通过管道与净化池相连,当净化池底部的污泥沉淀较多时,可以打开排泥阀排出污泥,见图 2-8。

(6)预留接头:当给水管道干网通过未开发区域时,一般会留出接口,等此区域开发后方便铺设管道。

(7)阀门井:阀门井是地下管线及地下管道(如自来水、油、天然气管道等)的阀门为了在需要进行开启和关闭部分管网操作或者检修作业时方便,就设置类似小房间的一个坑(或井),将阀门等安装布置在这个坑里,便于定期检查、清洁和疏通管道,防止管道堵塞的枢纽。这个坑就叫阀门井。有阀门井必定有阀门,但有阀门不一定有阀门井,见图 2-9。

图 2-8　排泥阀

图 2-9　阀门井

2.2　排水管道

2.2.1　建(构)筑物

(1)排水泵站:在排水管道的中途和终点需要提升废水时设置泵站,称为中途泵站和终点泵站,见图 2-10。按照废水的性质,排水泵站有污水泵站、雨水泵站和合流泵站之分。排水泵站的主要组成部分是泵房和集水池,泵房中设置由水泵和动力设备组成的机组。动力设备通常是电动机,设有配电盘。泵房顶部设起重设备,供安装和检修时起吊机组之用。集水池中设置机械或人工清除垃圾的格栅,拦挡粗大的和容易截住的悬浮物,以防水泵阻塞。集水池有一定的储水容积以利水泵的启动。排水泵站必须及时把水送走。应有备用电源和备用机组。雨水泵站不经常启用,一般可以不设备用泵。但平坦易积水地区的雨水泵房中的水泵,其总容量可较设计频率流量大20%~30%,以利地区积水时,加快积水的排出。污水泵站需设事故排出口时,应取得当地卫生主管部门的同意。

(2)沉淀池:是应用沉淀作用去除水中悬浮物的一种构筑物,在废水处理中广为使用,见图2-11。

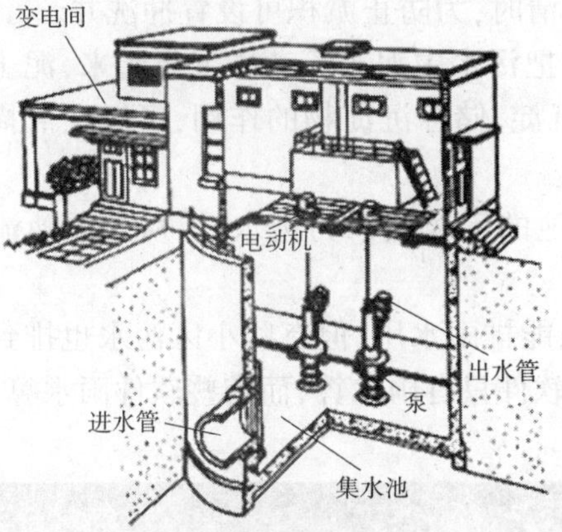

图2-10　排水泵站

图2-11　沉淀池

(3)化粪池:是处理粪便并加以过滤沉淀的设备。它的原理是固化物在池底分解,上层的水化物体进入管道流走,防止了管道堵塞,给固化物体(粪便等垃圾)有充足的时间水解,居民区都应配备,其容量按照用户多少设计,并应定期进行清理,见图2-12。

(4)净化构筑物:污水处理厂里的构筑物,对污水进行净化处理。

(5)暗沟地面出口:暗沟是排水管道的一种,一般上面盖有混凝土盖板,污水从下流过,见图2-13,其地面出口是排水管道的构筑物。

图2-12　化粪池

图2-13　暗沟

2.2.2　附属设施

(1)检查井:是排水管道系统上为检查和清理管道而设立的窨井。同时还起连接管段和管道系统的通风作用。相邻两井之间的管段应在一条直线上,因此在管道断面改变处、坡度改变处、交汇处、高程改变处都需设置检查井，在过长的直线管段上也需分段设置检查井（根据管道直径和雨、污水类型规定分段间距），见图 2-14。

（2）跌水井：在排水管道中由于管道落差较大，按正常管道坡度无法满足设计要求时，采取做一个内部管道有落差的检查井来满足设计方案，因为在井内水流产生跌落，故此这样的井称为跌水井。同普通窨井相比，跌水井需消除跌水的能量，这一能量的大小取决于水流的流量和跌落的高度。跌水井的构造有不同的设计，取决于消能的措施，其井底构造一般都比普通窨井坚固。

（3）水封井：是一种设置在厂区有可燃气体、易燃液体蒸气或油污的污水管网上，防止燃烧、爆炸沿污水管网蔓延扩展的安全液封装置。

（4）冲洗井：当污水在管道内的流速不能保证自清时，为防止淤积可设置冲洗井。

（5）沉泥井：就是带沉泥槽的检查井。该井可以把污水中泥土等杂质聚集起来，泥土可以在该井内沉淀，所以叫沉泥井。平时它可以起到沉淀、储存沉淀物的作用，可以在清掏作业中起到储泥作用。

（6）进出水口：化粪池上的附属设施，进入化粪池的管线接口为进水口，从化粪池流出的管线接口为出水口。

（7）雨水箅：排出雨水的地面设施，严格来讲，只能排雨水用，但有些小区污水也排到里面，不太规范。现在的管线成图软件也不规范，有些软件只有雨水箅，而有些软件雨水箅、污水箅都有，见图 2-15。

图 2-14　检查井

图 2-15　雨水箅

（8）排污装置：排水管道中的一些其他排污装置。

2.3　燃气、热力及工业管道

2.3.1　建（构）筑物

（1）调压房：内有调压站，见图 2-16，在城市燃气管网系统中是用来调节和稳定管网压力的设施。通常由调压器、过滤器、安全装置、旁通管及测量仪表组成。

（2）煤气站：主要由煤气发生炉、管路系统、煤气处理系统、循环水系统、监控系统等构建而成。煤气站主要是通过煤气发生炉生产煤气，并附有焦油、酚水及少量硫化氢产出。由于有很多种煤气发生炉，它们的设计不尽相同，所以各种煤气站建成后会有一些区别。由于其生产具有很大危险性，所以煤气站配有煤防站等安全协作体系，见图 2-17。

（3）锅炉房：为热力管道提供热量，见图 2-18。

图 2-16　调压站

图 2-17　煤气站

(4)动力站:为管道提供能量。

(5)储气柜:储存气体的大型设备。有高压、低压、湿式和干式等类型。根据储量不同,小的选用湿式和低压型,大的选用干式和高压型。常用以保证煤气的正常生产和连续供应,具有混合气体和平衡压力的功能,是煤气输送工程中的重要设备,见图 2-19。

图 2-18　锅炉房

图 2-19　储气柜

(6)冷却塔:是用水作为循环冷却剂,从一系统中吸收热量排放至大气中,以降低水温的装置。它是利用水与空气流动接触后进行冷热交换产生蒸汽,蒸汽挥发带走热量,通过蒸发散热、对流传热和辐射传热等原理来散去工业上或制冷空调中产生的余热进而降低水温的蒸发散热装置,以保证系统的正常运行,装置一般为桶状,故名为冷却塔,见图 2-20。

2.3.2　附属设施

(1)排气装置:主要是指热力管道的排气阀,同给水管道排气阀。

(2)凝水井:内有凝水缸,见图 2-21,将燃气中的水蒸气凝结成水。

(3)各种窨井:管道上用于维修各种附属设施或者为管道分支而设置的各种检修井。

(4)阀门:控制各种管道开闭的装置。

2.4　电力管道

2.4.1　建(构)筑物

(1)变电所(站):改变电压的场所。为了把发电厂发出来的电能输送到较远的地方,必须把电压升高,变为高压电,到用户附近再按需要把电压降低,这种升降电压的工作靠变电站来完成。变电站的主要设备是开关和变压器。按规模大小不同,大的称为变电站(见图 2-22),小的称为变电所。

图 2-20　冷却塔

图 2-21　凝水缸

(2)配电室:带有低压负荷的室内配电场所称为配电室,主要为低压用户配送电能,设有中压进线(可有少量出线)、配电变压器和低压配电装置,见图 2-23。

图 2-22　变电站

图 2-23　配电室内部图

(3)电缆检修井:供工作人员维修电力电缆之用。

(4)各种塔(杆):包括电线塔(见图 2-24)、输电线杆、配电线杆。

2.4.2　附属设施

(1)杆上变压器:一般是小型变压器,可以把 10 kV 以上的高压变为 220 V 的民用电供附近几户人家用电,不需要从终端变压器再拉很长的线回来,其他变压器需要一个平台和配电房,而杆上变压器直接固定在杆上,以节省投资,见图 2-25。

图 2-24　电线塔

图 2-25　杆上变压器

(2)露天地面变压器：与杆上变压器类似，无配电室，不过在地面设置时，周围要加装围栏。

(3)各种窨井。

(4)人孔井。

2.5　电信管道

2.5.1　建(构)筑物

(1)变换站：对电信信号进行变换的站室。

(2)控制室：对电信信号控制器进行管理的场所。

(3)电缆检修井：工程施工或线路检修的井室。

(4)各种塔(杆)：各种通信线路的塔或线杆。

(5)增音站：对由于经过线路传输而衰减的信号加以加强、并继续传送下去的结构。一般设在长途有线电通信线路上。它的主要设备是增音机，可分有人增音站和无人增音站。

2.5.2　附属设施

(1)交接箱：是一种为主干层光缆、配线层光缆提供光缆跳接的交接设备。主干层光缆引入光缆交接箱后，经固定、端接、配纤以后，配线层光缆连通，如图 2-26 所示。

(2)分线箱：一般从控制室 DCS 到现场设备较集中的区域使用多芯控制电缆，接现场分线箱，再从分线箱转接到现场设备。这样在某根电缆或电缆的某些芯出现问题时不用远距离更换电缆，比较容易处理，如图 2-27 所示。

(3)各种窨井。

(4)检修井。

图 2-26　交接箱

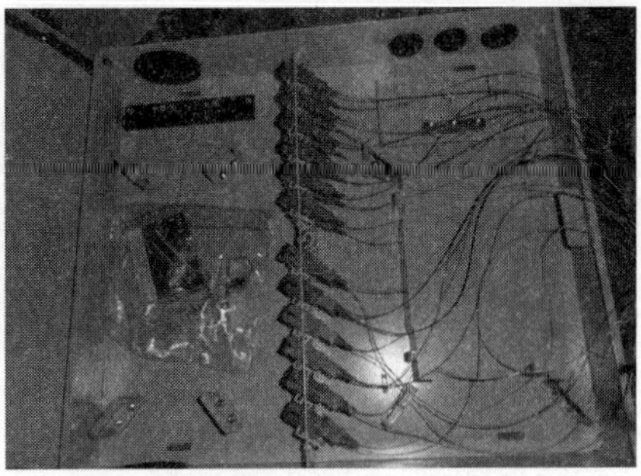

图 2-27　分线箱

习　题

1. 地下管线探测按照探测任务分为哪几类？
2. 地下管线点的分类有哪些？
3. 简述地下管线隐蔽管线点的平面位置限差和埋深限差。
4. 简述地下管线点的测量精度。
5. 简述地下管线图测绘精度。
6. 简述地下管线普查的取舍标准。

7. 简述各类地下管线实地调查项目。
8. 给水管线的建(构)筑物有哪些?
9. 给水管线的附属设施有哪些?
10. 排水管线的建(构)筑物有哪些?
11. 排水管线的附属设施有哪些?
12. 燃气管线的建(构)筑物有哪些?
13. 燃气管线的附属设施有哪些?
14. 电力管线的建(构)筑物有哪些?
15. 电力管线的附属设施有哪些?
16. 电信管线的建(构)筑物有哪些?
17. 电信管线的附属设施有哪些?

项目 3　地下管线探测的基本程序

【项目导航】

重点：

仪器检验的方法及流程；探杆量深探测及绘制外业草图；RD8000 管线探测仪、GSSI 探地雷达使用方法；管线点的测量方法；南方管线成图软件数据处理方法；专业管线图、综合管线图编绘方法；技术总结报告应包含的内容。

难点：

管线探测技术设计书；外业草图的绘制；RADAN7 软件数据处理过程；南方管线成图软件数据处理；管线断面图编绘方法；验收合格的探测成果应符合的要求。

任务：

使学生掌握探查前准备工作，为实地探查做准备；掌握仪器检验和方法试验流程；掌握管线探测技术设计书的内容；能够进行管线点地面标志设置、探杆量深以及其他实地探查工作；能够绘制外业草图；掌握 RD8000 管线探测仪和 GSSI 探地雷达的使用方法；掌握 RADAN7 软件数据处理的步骤；能够独立完成管线探查任务；掌握探查工作质量检验方法；能够进行地下管线图编绘；掌握专业管线图、综合管线图、管线断面图编绘方法；掌握地下管线图编绘的检验方法；掌握技术总结报告的内容和成果验收的方法；了解验收合格的探测成果应符合的要求；提高对知识的学习欲望，培养独立思考、团队合作的能力。

流程：

地下管线探测基本程序见图 3-1。

地下管线探测的基本程序包括：探查前准备工作（接受任务、收集资料、现场踏勘、仪器检验和方法试验、编写技术设计书），实地探查，仪器探查，地下管线点测量与数据处理，地下管线图编绘，编写技术总结报告和成果验收。当探测任务较简单且工作量较小时，上述程序可以稍作简化。

任务 1　探查前准备工作

【任务目的】

使学生掌握探查前准备工作，为实地探查做准备。

【任务分析】

探查前准备工作是地下管线探测程序中的第一个步骤，只有做好准备工作，才能保证以后的工作顺利进行。

【任务要求】

（1）掌握管线探测合同书的内容。

（2）掌握管线探测前需收集的资料。

（3）掌握现场踏勘需注意的问题。

（4）掌握仪器检验和方法试验流程。

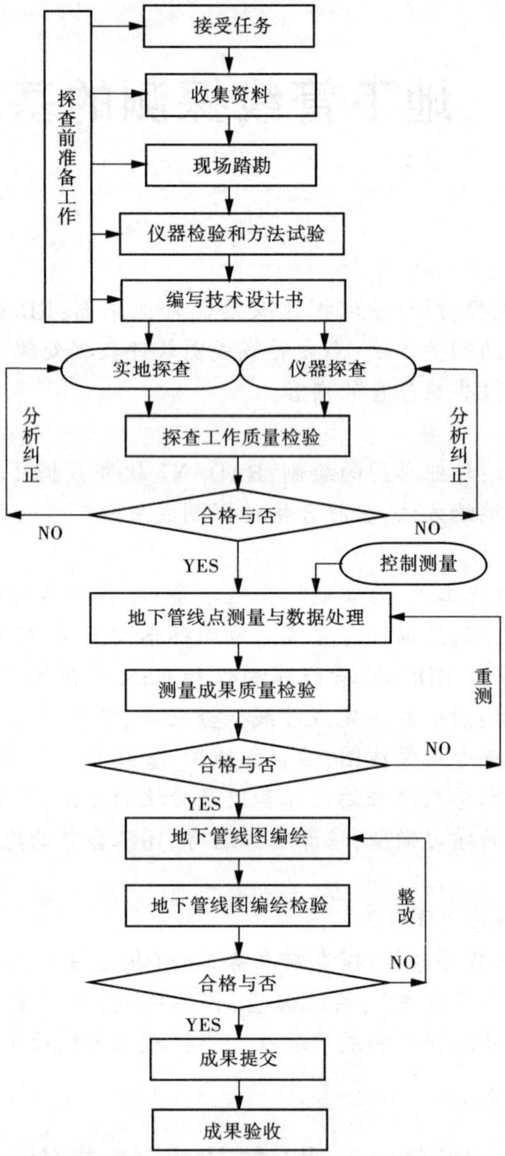

图 3-1 地下管线探测基本程序

(5)掌握管线探测技术设计书的内容。

【任务准备】

(1)仪器准备:计算机、多媒体设备等,能够保证正常工作使用。

(2)人员准备:按照实习任务,事先分好小组,轮流操作。

(3)记录准备:准备笔记本、笔等学习用具。

【任务实施】

探查前准备工作按以下几个方面进行:①接受任务;②收集资料;③现场踏勘;④仪器检验和方法试验;⑤编写技术设计书。

1 接受任务

在实际签订工程合同之前,有的需要进行招标,有的不需要,有的需要进行公开招标,有的需要进行邀请招标。那么,什么样的项目需要进行招标呢?

国家发展计划委员会于2000年5月1日发布的《工程建设项目招标范围和规模标准规定》指出:规定范围内(包括地下管道等城市设施项目,供水、供电、供气、供热等市政工程项目)的各类工程建设项目,包括项目的勘察、设计、施工、监理以及与工程建设有关的重要设备、材料等的采购,达到下列标准之一的,必须进行招标:

(1)施工单项合同估算价在200万元人民币以上的。

(2)重要设备、材料等货物的采购,单项合同估算价在100万元人民币以上的。

(3)勘察、设计、监理等服务的采购,单项合同估算价在50万元人民币以上的。

(4)单项合同估算价低于第(1)、(2)、(3)项规定的标准,但项目总投资额在3 000万元人民币以上的。

并且规定:依法必须进行招标的项目,全部使用国有资金投资或者国有资金投资占控股或者主导地位的,应当公开招标。

符合上述规定的管线探测项目,必须经过公开招标,详细流程如下:

(1)招标资格与备案。

招标人自行办理招标事宜,按规定向建设行政主管部门备案;委托代理招标事宜的应签订委托代理合同。

(2)发布招标公告。

实行公开招标的,应在国家或地方指定的报刊、信息网或其他媒介,并同时在中国工程建设和建筑业信息网上发布招标公告。

(3)编制、发放资格预审文件和递交资格预审申请书。

采用资格预审的,编制资格预审文件,向参加投标的申请人发放资格预审文件。投标人按资格预审文件要求填写资格预审申请书(如是联合体投标应分别填报每个成员的资格预审申请书)。

(4)资格预审,确定合格的投标申请人。

审查、分析投标申请人报送的资格预审申请书的内容,招标人如需要对投标人的投标资格合法性和履约能力进行全面的考察,可通过资格预审的方式来进行审核。招标人可按有关规定编制资格预审文件并在发出3天前报招标投标监督机构审查,资格预审应当按有关规定进行评审,资格预审结束后将评审结果向招标投标监督机构备案。备案3天内招标投标监督机构没有提出异议,招标人可发出“资格预审合格通知书”,并通知所有不合格的投标人。

(5)编制、发出招标文件。

根据有关规定、原则和工程实际情况、要求编制招标文件,并报送招标投标监督机构进行备案审核。审定的招标文件一经发出,招标单位不得擅自变更其内容,确需变更时,须经招标投标管理机构批准,并在投标截止日期前通知所有的投标单位。招标人按招标文件规定的时间召开发标会议,向投标人发放招标文件、施工图纸及有关技术资料。

(6)踏勘现场。

招标人按招标文件要求组织投标人进行现场踏勘,解答投标单位提出的问题,并形成书面材料,报招标投标监督机构备案。

(7)编制、递交投标文件。

投标人按照招标文件要求编制投标书,并按规定进行密封,在规定时间送达招标文件指定地点。

(8)组建评标委员会。

评标委员会由招标人或其委托的招标代理机构熟悉相关业务的代表,以及有关技术、经济等方面的专家组成,成员人数为5人以上单数,其中技术、经济等方面的专家不得少于成员总数的2/3。负责评标活动,向招标人推荐中标候选人或者根据招标人的授权直接确定中标人。

评标委员会成员名单一般应于开标前确定。评标委员会成员名单在中标结果确定前保密。

(9)开标。

招标人依据招标文件规定的时间和地点,开启所有投标人按规定提交的投标文件,公开宣布投标人的名称、投标价格及招标文件中要求的其他主要内容。开标由招标人主持,邀请所有投标人代表和相关人员在招标投标监督机构监督下公开按程序进行。

从发布招标文件之日起至开标,时间不得少于20天。

(10)评标。

评标是对投标文件的评审和比较,可以采用综合评估法或经评审的最低价中标法。

评标委员会根据招标文件规定的评标方法,借助计算机辅助评标系统对投标人的投标文件按程序要求进行全面、认真、系统的评审和比较后,确定出不超过3名合格中标候选人,并标明排列顺序。

评标委员会推荐中标候选人或直接确定中标人应当符合:能够最大限度满足招标文件中规定的各项综合评价标准;能够满足招标文件的实质性要求,并且经评审的投标价格最低,但低于企业成本的除外。

(11)定标。

招标人根据招标文件要求和评标委员会推荐的合格中标候选人,确定中标人,也可授权评标委员会直接确定中标人。

使用国有资金投资的项目,招标人应当确定排名第一的中标候选人为中标人。排名第一的中标候选人放弃中标,因不可抗力提出不能履行合同,或者招标文件中规定内容未满足的,招标人可以确定排名第二的中标候选人为中标人,以此类推。所有推荐的中标候选人未被选中的,应重新组织招标。不得在未推荐的中标候选人中确定中标人。

招标人授权评标委员会直接确定中标人的应按排序确定排名第一的为中标人。

(12)中标结果公示。

招标人在确定中标人后,对中标结果进行公示,时间不少于3天。

(13)中标通知书备案。

公示无异议后,招标人将工程招标、开标、评标、定评情况形成书面报告送招标投标监督机构备案。发出经招标投标监督机构备案的中标通知书。

(14)合同签署、备案。

注意:中标人在30个工作日内与招标人按照招标文件和投标文件订立书面合同,签订合同5日内报招标投标监督机构备案。

经过公开招标投标,甲方、乙方签订合同书。合同书中明确规定:工程名称、地点,甲方、乙方单位名称,工程概况,工作方法和要求,双方的责任和义务,履行期限、地点、方式,提交的成果和资料,探测费用及付款方式,违约和纠纷解决方法,甲方、乙方单位负责人签章等信息。

2 收集资料

地下管线探测任务接到后,乙方应该积极主动地去甲方(业主)收集等级控制点、基础地形图、管线的现况调绘图、管线的竣工图、施工图纸等,只要有利于施工的资料尽量收集。做到基本了解测区的管线分布情况和工作量。这个环节大约要花一周的时间。在项目进行过程中,根据需要还应及时向相关单位去收集资料。收集资料也是贯穿整个项目中、不能省略的过程。根据现有的技术水平和地下管线埋设的特点,地下管线探测实际上是收集资料与实地调查相结合的工作过程。

收集等级控制点资料是为了后期管线点测量前进行控制测量,根据已有的等级控制点布设低等级控制网。

管线探测最终上交的成果之一是管线图资料,而管线图是需要附到基础地形图上的,因此在前期需要尽可能收集工区内已有的基础地形图资料。

管线的现况调绘图、管线的竣工图、施工图纸等,这些都是为管线探测任务服务的,应尽量收集。

3 现场踏勘

根据前期收集的资料,到实地进行现场踏勘,详细调查各条道路的管线分布情况、车流量、人口密度以及已有控制点的实地位置、完好程度和控制点的密度分布等情况,了解测量的通视条件,并大致布设图根导线控制网,为后续技术力量分配和作业方案的确定做准备。在踏勘过程中应随时记录现场情况,并在原有资料上标注变化情况,为优化作业方案提供第一手资料。

调查各条道路的管线分布情况,有助于合理制订作业方案(包括作业顺序、仪器的分配等)。

调查各条道路的车流量和人口密度情况,这样可以根据各条线路的实际情况,合理安排探测时间,比如某条道路平时车流量较大,可以考虑把探测时间安排在清晨,趁车流量少的时候进行。

调查已有控制点的实地位置、完好程度和控制点的密度分布等情况,收集到的图上控制点一定要到实地找点,事实证明,控制点资料在实际使用时损失严重。在现场踏勘过程中,要利用保存完好的控制点结合实地的测量通视条件大致布设图根导线控制网,为后续减少工作量。

4 仪器检验和方法试验

选取有代表性的路段(不同管线与埋深情况)进行仪器检验和方法试验,了解测区的地球物理特性,选择最佳的探查方法和仪器设备,通过在当地已有地下管线上的数据比较或足够有代表性的开挖点验证、校核,确定该方法和仪器的有效性及精度,选择最佳的工作方法、合适的工作频率,以便提高施工的效率和质量。

到目前,还没有专门的单位进行管线探测仪的仪器检校,所以判断一台仪器是否合格的标准是在开始探测之前选取足够的有代表性的已知平面位置和埋深的管线点(有准确的已有数据或开挖点)进行探测,并把探测结果和实际值进行校核比对,如果结果相差不超出探测精度要求的范围(单台仪器的中误差≤1/3 探测限差,多台仪器的中误差≤1/2 探测限差),证明管线探测仪状态正常。

不同的管线探测仪有不同的探查方法,比如排水管线一般利用探杆开井探查,金属管线一般利用管线探测仪来探查,其他非金属管线(如 PVC 燃气管道)一般利用探地雷达来探查。

管线探测仪有感应法和直连法两种,直连法可以连接夹钳和直连线,对于不同的管线,应选取不同的工作方法。并且不同金属材质的管线所适合的频率也有区别:在相同输出功率下,频率越高,感应的电压就越高,电流就越大,磁场的消耗就越大,传输的距离就越近;反之,频率越低,传输的距离就越远。因此,新到一个区域必须进行方法试验,搞清楚本区域各种管线所对应的工作方法和它们适合的频率。

探地雷达配备有不同频率的天线,频率越低,探查的深度越深,因此要根据各条路段非金属管线的埋深来决定使用何种频率的天线。

仪器检验和方法试验完成后编写仪器检验和方法试验报告。

5 编写技术设计书

经过阶段性工作,编写详细的技术设计书。技术设计书是施工过程的技术依据之一,内容包括:

(1)探测工作的目的、任务、范围和期限。

(2)测区地形与测量控制资料分析、交通条件及相关的地球物理特征、地下管线概况。

(3)探查方法有效性分析,工作方法及具体技术要求。

(4)测量控制及管线点联测与数据处理、管线图编绘的工作方法及具体要求。

(5)作业质量保证体系与具体措施。

(6)存在的问题与对策。

(7)工作量估算及工作进度。

(8)人员组织、仪器、设备、材料计划。

(9)拟提交的成果资料。

技术设计书经过甲方组织的专家组评审通过后,就可以按照技术设计书的内容开始探查工作了。

任务2 实地探查

【任务目的】

使学生能够进行实地探查工作。

【任务分析】

管线点分为明显管线点和隐蔽管线点,实地探查主要是开井探查明显管线点的埋深、管径、材质、构筑物、附属物、压力、流向、电压、埋设年代、权属单位以及与周围管线的连接关系等。

【任务要求】

(1)掌握实地探查所用的工具、材料。

(2)能够进行管线点地面标志设置。

(3)能够进行探杆量深。

(4)能够绘制外业草图。

【任务准备】

(1)仪器准备:探杆、钢卷尺、油漆、铁钩、铁锤、铁钎、手电筒、防撞桶、滑石笔、纸笔、文件夹板。

(2)人员准备:按照实习任务,事先分好小组,轮流操作。

(3)记录准备:准备笔记本、笔等学习用具。

【任务实施】

实地探查按以下几个方面进行:①管线点地面标志设置;②探杆量深;③外业记录。

1 管线点地面标志设置

管线点:地下管线探测的管线点包括线路特征点和附属设施(附属物)中心点,可分为明显管线点和隐蔽管线点两类。

明显管线点:能直接看到的管线点,其平面位置可以直接确定。例如电信管线的井盖中心点。

隐蔽管线点:不能直接看到的管线点,其平面位置需要通过仪器探测来确定。例如电信管线的变向点。

管线点均应设置地面标志,标志面应与地面取平。选择何种地面标志,应根据标志需保留的时间长短和地面的实际情况确定。例如:硬化路面一般用统一规格的铁钉,沙、土路面一般用木桩或预制水泥桩。地面标志埋置后用红色油漆以铁钉为中心(或附属设施井盖中心位置)标注上记号"⊕",并在管线点附近明显且能长期保留的建(构)筑物、明显地物上,用红色油漆标注管线点号和栓距,以便于实地测量和检查时寻找。应保证在管线探测成果检查验收前不丢失。

2 探杆量深

管线探测中,明显管线点的埋深常用探杆直接量取,一般为铁杆,造价低廉,并且质地坚硬,特别是当测量污水管线埋深时可以透过污泥量到管底。

外业探测中使用的探杆一般分为如下两种：

(1)短探杆：即单根实心铁杆，长度 1.5 m 左右，用来探测雨水箅子等比较浅的埋深。

(2)长探杆：由几根空心铁管通过螺母连接，每根铁管长度 2 m 左右，用来探测雨水井等比较深的埋深。如图 3-2 所示为一般长探杆的结构。

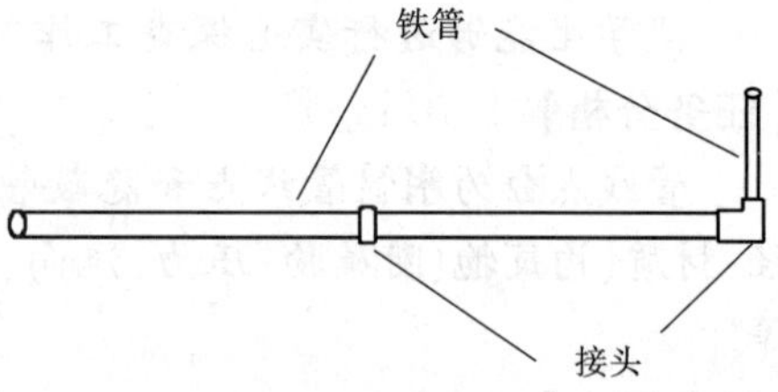

图 3-2 长探杆

探杆量深方法(以排水管道为例)：

(1)内底埋深的量测方法。如图 3-3 所示，测量排水管道内地至地面高时，应将探杆短边端部下缘平放在管道内底口上，用钢卷尺量出探杆端部到地面井口处的距离 h_1，量出探杆总长 s，则排水管道内底埋深为

$$h = s - h_1 \tag{3-1}$$

(2)管径的量测方法。如图 3-4 所示，将探杆短边端部下缘平放在管道内底口上，用钢卷尺量出探杆端部到地面井口处的距离 h_1，然后再将探杆短边端部下缘提起到管道内顶口上，用钢卷尺量出探杆端部到地面井口处的距离 h_2，则排水管道管径为

$$d = h_2 - h_1 \tag{3-2}$$

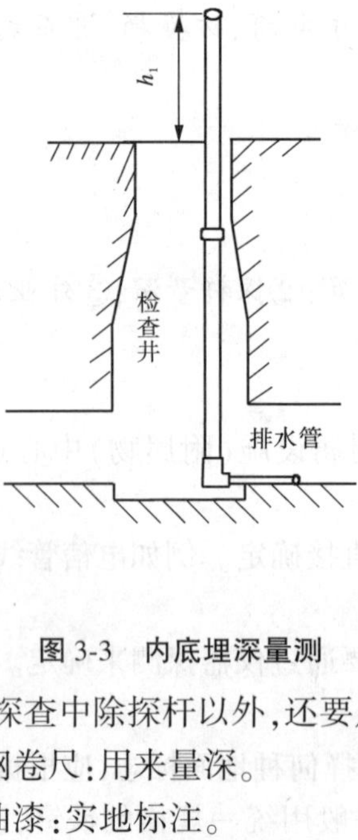

图 3-3 内底埋深量测

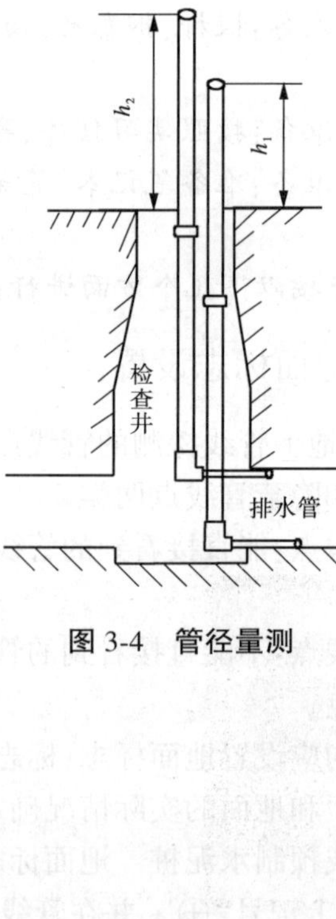

图 3-4 管径量测

实地探查中除探杆以外，还要用到如下工具、材料：

(1)钢卷尺：用来量深。

(2)油漆：实地标注。

(3)铁钩、铁锤、铁钎：开井。

(4)手电筒：照明。

(5)防撞桶：安全设施。

(6)滑石笔：在井盖反面记录。

3 外业记录

地下管线实地调查过程中必须进行外业记录，有绘制外业草图和外业电子记录两种方法。

绘制外业草图时各种管线检修井的符号表示如图 3-5 所示。

图 3-6 为一幅污水管线外业草图,应包含以下信息:管线的编号、埋深、管径、材质、流向以及与周围管线的连接关系等,还应包括检修井的井底深。

以管 WS1-WS2 为例,图中所反映的信息是:管径 200 mm,材料砼,流向 WS1 到 WS2,WS1 处埋深 1.00 m,井底深 1.10 m,WS2 处埋深 1.70 m,井底深 3.00 m。

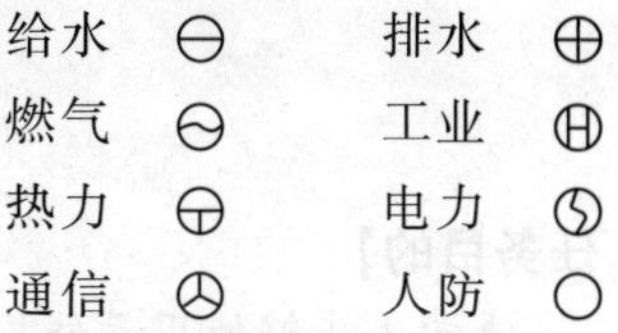

图 3-5　管线检修井符号

注意:因污水管线大部分材料是砼,所以在实际探测中,有的草图中材料为砼时省略不写,材料为其他(如铸铁等)时标注,这是约定俗成的做法,也是可以的。

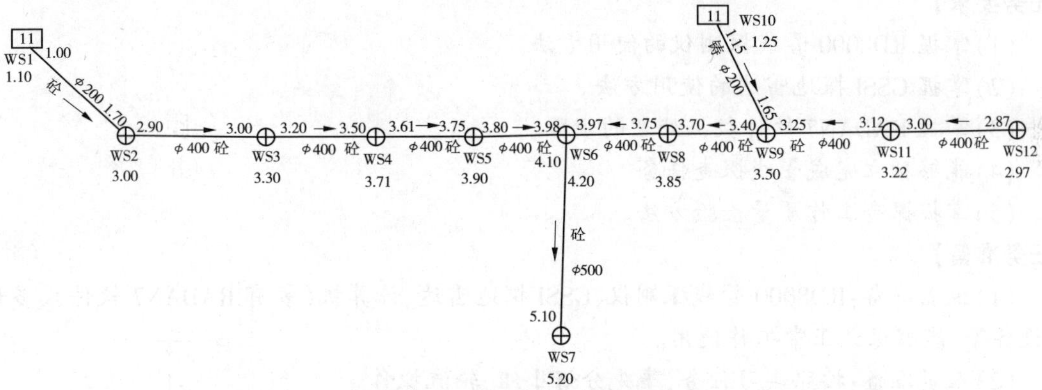

图 3-6　污水管线外业草图实例

当采用外业电子记录时,不论采用 PDA 或平板电脑,均需要进行以下三步准备:

(1)建设与硬件匹配的应用软件。

(2)以测区电子地图为背景图。

(3)修改与测区探测规程相应的数据格式和子图文件等配置。

雨水管线电了记录实例如图 3-7 所示。

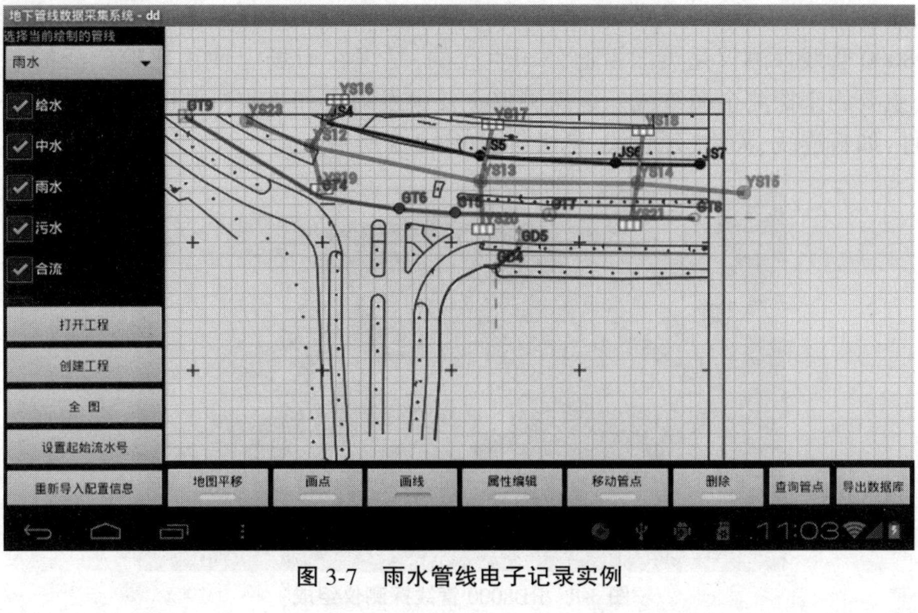

图 3-7　雨水管线电子记录实例

任务3　仪器探查

【任务目的】

使学生能够使用管线探测仪和探地雷达,并能够使用 RADAN7 软件进行雷达数据处理。

【任务分析】

管线点分为明显管线点和隐蔽管线点,仪器探查主要是探查隐蔽管线点的平面位置和埋深。

【任务要求】

(1)掌握 RD8000 管线探测仪的使用方法。

(2)掌握 GSSI 探地雷达的使用方法。

(3)掌握 RADAN7 软件数据处理的步骤。

(4)能够独立完成管线探查任务。

(5)掌握探查工作质量检验方法。

【任务准备】

(1)仪器准备:RD8000 管线探测仪、GSSI 探地雷达、计算机(装有 RADAN7 软件)、多媒体设备等,能够保证正常工作使用。

(2)人员准备:按照实习任务,事先分好小组,轮流操作。

(3)记录准备:准备笔记本、笔等学习用具。

【任务实施】

仪器探查按以下几个方面进行:①RD8000 管线探测仪;②GSSI 探地雷达;③RADAN7 软件;④探查工作质量检验。

1　RD8000 管线探测仪

1.1　仪器介绍

RD8000 管线探测仪是英国雷迪公司生产的,是现在市场上使用比较广泛的一款管线探测仪,主要用来探测金属管线。该探测仪主要由发射机和接收机两部分组成,另外还有一系列附件,如直连线、夹钳、延长线、电极等,如图 3-8 所示。

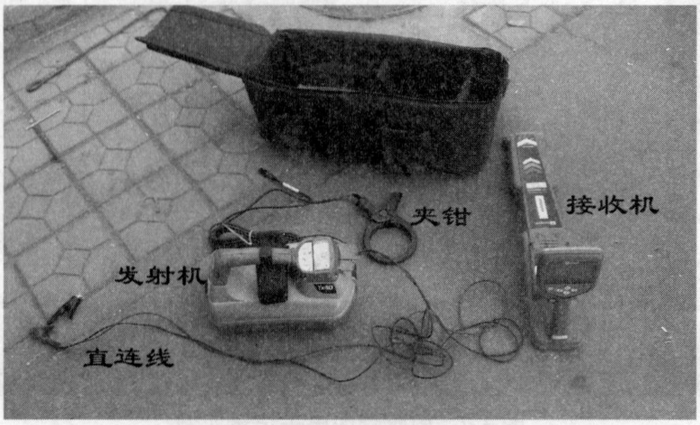

图 3-8　RD8000 管线探测仪组成

RD8000 管线探测仪各部分的功能如下：

(1)发射机：发射信号。

(2)接收机：接收信号。

(3)直连线：直连法时连接，用来探测给水管线等有阀门的金属管线时使用。

(4)夹钳：直连法时连接，用来探测通信管线等比较细的金属管线时使用。

(5)延长线：当检修井较深，直连线长度不够时连接到直连线的一极，起延长作用。

(6)电极：与直连线的负极连接，用来接地。

1.2　各部分名称及作用

1.2.1　RD8000 PDL 接收机

RD8000 PDL 接收机外部结构和屏幕图标分别如图 3-9 和图 3-10 所示。

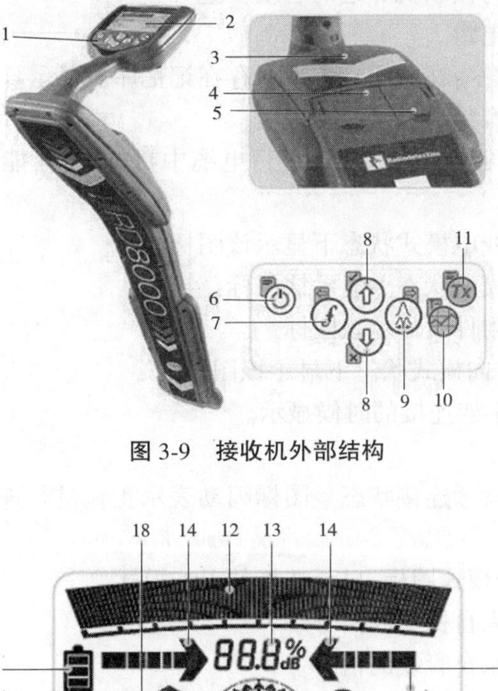

图 3-9　接收机外部结构

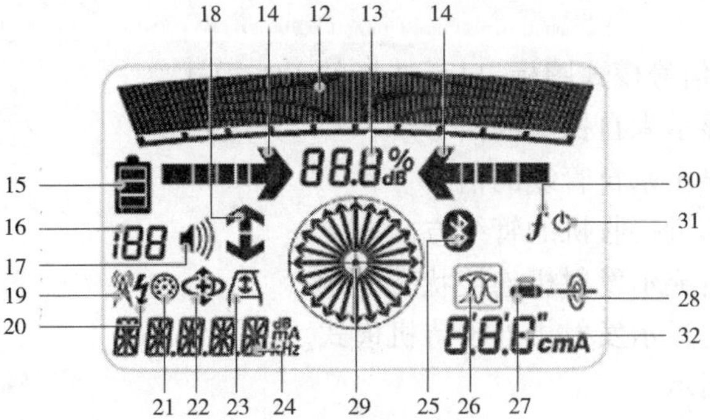

图 3-10　接收机屏幕图标

(1)防水键盘。

(2)LCD 液晶显示屏。

(3)电池盒：安装两节 1 号电池。

(4)附件插槽：可以插入 A 字架(故障查找)或听诊器(在电缆密集区域内识别某条电缆)。

(5)耳机插孔。

(6)电源开关键:打开和关闭设备;打开接收机菜单。

(7)频率键:测量过程中可以切换频率;当进行仪器参数设置时,此键为向左箭头。

(8)向上/向下箭头:调节信号;通过菜单选项进行切换。

(9)天线键:测量过程中可以切换天线模式;切换液晶显示屏上显示深度或电流;当进行仪器参数设置时,此键为向右箭头。

(10)图表键:保存测量值。

(11)发射键:可以通过接收机来更改发射机的频率。

(12)显示信号强度和峰值标记。

(13)信号强度:以数字形式显示信号强度。

(14)峰值箭头:指示与接收机邻近的管线位置。

(15)电池图标:显示电量。

(16)灵敏度和日志数字:在探测日志被保存在记忆库后显示日志数字。

(17)音量图标:显示音量等级。

(18)电流方向箭头:可准确识别多条平行电缆中目标电缆,能快速查找和识别目标电缆。

(19)无线电模式:无线电模式状态下显示该图标。

(20)电力模式:电力模式状态下显示该图标。

(21)附件显示:连接附件时显示该图标。

(22)CD 模式:电流方向模式状态下显示该图标。

(23)A 字架图标:A 字架连接的时候显示。

(24)工作模式指示。

(25)蓝牙图标:显示蓝牙连接状态。图标闪动表示正在进行连接。静态图标表示连接已经激活。

(26)谷值/峰值/信号模式图标:显示选择的天线模式。

(27)探头图标:显示来自探头的信号。

(28)管线图标:显示来自管线的信号。

(29)罗盘:显示邻近接收机的管线方向。

(30)发射机状态:显示发射机连接状态。

(31)发射机待机:显示发射机处于待机模式。

(32)电流/深度指示。

1.2.2　Tx-10 发射机

Tx-10 发射机外部结构和屏幕图标分别如图 3-11 和图 3-12 所示。

(1)防水键盘。

(2)LCD 液晶显示屏。

(3)可拆卸附件盒。

(4)电源开关键:打开和关闭设备;打开发射机菜单。

(5)频率键:测量过程中可以切换频率;当进行仪器参数设置时,此键为向左箭头。

(6)向上/向下箭头:调节输出信号;通过菜单选项进行切换。

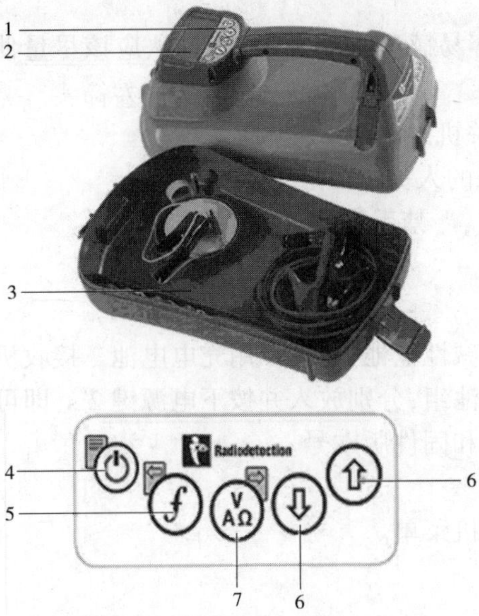

图 3-11　发射机外部结构

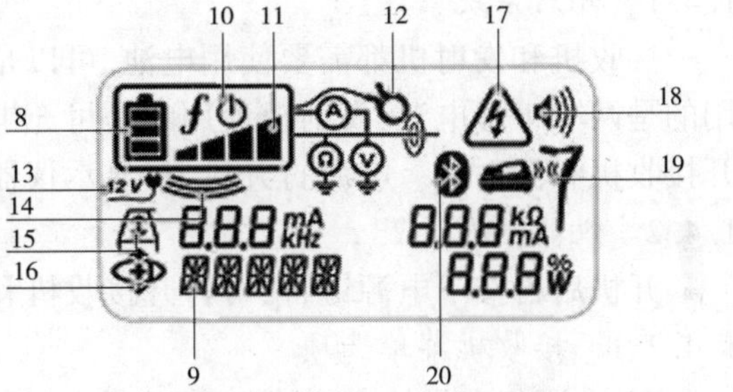

图 3-12　发射机屏幕图标

(7)测量键。切换电压、电流和电阻测量显示。注意:根据当前选择模式或可选附件显示;当进行仪器参数设置时,此键为向右箭头。

(8)电池图标:显示电量。

(9)字母数字形式显示所选操作模式。

(10)待机图标:显示发射机处于待机模式。

(11)输出等级:显示发射机输出功率。

(12)夹钳图标:连接附件时显示此图标。

(13)DC 直流图标:当发射机由直流电源供电时显示此图标。

(14)感应指示:发射机处于感应模式时显示。

(15)A 字架(仅 Tx-3 和 Tx-10 配备):发射机处于故障查找模式时显示此图标。

(16)CD 电流方向模式指示(仅 Tx-10 有此功能):显示发射机处于电流方向模式。

(17)电压警告指示:表示发射机处于危险的电压输出水平。

(18)音量图标:显示音量等级。

(19)配对图标(只有 Tx-3B 和 Tx-10B 具有此功能):当发射机和接收机通过 iLOC™ 无线连接时显示此图标。

(20)蓝牙图标(仅 Tx-3B 和 Tx-10B 具有此功能):显示发射机处于蓝牙连接状态。图标闪动表示正在进行连接。

1.3　注意事项

(1)应先开接收机,后开发射机。

原因:管线探测仪的原理是通过发射机提供一个强磁场,接收机接收。当打开发射机后会提供强磁场,如果此时接收机离得太近,又突然接通电源,会造成接收机过载,虽然接收机本身有过载保护,但是因为磁场太强,有可能击穿过载保护,造成仪器白屏,此时可以取下电池重启,但是击穿三四次后会造成仪器永久损坏。如果先开接收机,使接收机提前连通电源,就不存在这个问题了。

(2)采用感应法时,建议使用高频,因为高频容易感应到导体上;直连法应该尽量使用低频,因为低频信号可传输很长距离。

(3)连续 5 min 不按任何按键,接收机将自动关机。

(4)直连到带电电缆非常危险。只有受过训练的人员才可进行操作。

(5)不要在没有绝缘的带电导体上使用夹钳法,严禁手指放入夹钳环内。

1.4　基本操作

1.4.1　开启系统

接收机和发射机都需要使用电池,可以是 1 号碱性电池,也可以用充电电池。接收机使用的是两节 1 号电池,发射机使用的是可充电锂电池组,分别放入并按下电源键 2 s,即可打开接收机和发射机。电源打开后,将显示仪器型号和固件版本号。

1.4.2　仪器参数设置

开机后再按下电源键,便可打开接收机和发射机菜单。

1.4.2.1　接收机菜单选项

VOL:调节音量从 0(音静)到 3(最大)。

LOG:删除、发送或审看已存储的(测绘应用 SurveyCERT)数据。

BT:连接、断开、重设或配对蓝牙连接。

UNIT:选择公制单位或英制单位。

LANG:选择系统语言。

POWER:选择所在国家的电网频率(50 Hz 或 60 Hz)。

FREQ:启用或禁用个别频率。

ALERT:启用或禁用穿透报警 StrikeAlert™。

BATT:设置电池类型(镍氢 NiMH 或碱性 ALK)。

ANT:启用或禁用任何天线模式,峰值模式除外。

1.4.2.2　发射机菜单选项

VOL:调节音量从 0(音静)到 3(最大)。

BT:连接、断开或配对蓝牙连接。

MAXV:设置最大输出电压。

MODEL:选定 RD8000 接收机型号(PDL)。

MAXP:设置发射机最大输出功率。

BATT:设置电池类型(镍氢 NiMH 或碱性 ALK)。

OPT F:启用或禁用频率自动微调 SideStepauto™。

LANG:选择系统语言。

BOOST:定时(分钟)增强发射机输出。

FREQ:启用或禁用个别频率。

1.4.2.3　设置单位(接收机)

RD8000 有公制和英制两种单位(选择公制)。

操作步骤:①按⏻键,进入菜单;②使用⇩或⇧箭头,滚动到 UNIT 选项;③按下⇨键,进入单位子菜单;④使用⇩或⇧箭头,选择公制;⑤按下⇦键,确定选择,并返回到主菜单;

⑥按下⓪键,返回到主操作屏幕。

1.4.2.4　设置交流电频率(接收机)

交流电频率共有两种:50 Hz(中国)、60 Hz(美国)。

操作步骤:①按◎按键,进入菜单;②使用⇩或⇧箭头,滚动到 POWER 选项;③按⇨,进入 POWER 子菜单;④使用⇩或⇧箭头,选择正确的频率(50 Hz);⑤按⇦键,确定选择,并返回到主菜单;⑥按⓪键,返回到主操作屏幕。

1.4.2.5　设置电池类型(接收机、发射机)

RD8000 接收机和发射机可使用镍氢或碱性电池。设置正确的电池类型,可以使系统达到最佳操作状况。

操作步骤:①按◎键,进入菜单;②使用⇩或⇧箭头,滚动到 BATT 选项;③按⇨键,进入电池子菜单;④上下滚动选择正确的电池类型;⑤按⇦键,确定选择,并返回到主菜单;⑥按⓪键,返回到主操作屏幕。

1.4.2.6　设置语言(接收机、发射机)

接收机和发射机可支持多种语言。现在还不能支持汉语,可选择英语(ENG)。

操作步骤:①按◎键,进入菜单;②使用⇩或⇧箭头,滚动到 LANG 选项;③按⇨键,进入语言子菜单;④使用⇩或⇧箭头,选择 ENG;⑤按⇦键,确定选择,并返回到主菜单;⑥按⓪键,返回到主操作屏幕。

1.4.2.7　设置频率(接收机、发射机)

接收机和发射机都可以启用或禁用某些特定的频率,合理地设置频率可以使操作时更加方便,节省操作时间。

操作步骤:①按◎键,进入菜单;②使用⇩或⇧箭头,滚动到 FREQ 选项;③按⇨,进入某个频率子菜单,继续按⇨,显示此频率的状态,ON 为打开,OFF 为关闭;④使用⇩或⇧箭头,可以更改此频率的状态;⑤按⇦键,确定选择,继续按⇦,返回到主菜单;⑥按⓪键,返回到主操作屏幕。

1.4.3　主动频率和被动频率

RD8000 支持一系列的可探测到的主动频率和被动频率。

1.4.3.1　主动频率

主动频率是由发射机加载到地下管线上的频率。信号加载有两种方法:感应法和直连法。

(1)感应法是将发射机放置在要进行探测的区域的地面上。选择适当的频率,发射机将信号感应到附近的(任何)金属导体上。采用感应法时,建议使用高频,因为高频容易感应到导体上。

(2)直连法是将发射机直接连接到要探测的管线上,需要使用附件(直连线或夹钳)。当干扰管线太多时使用,发射机用附件连接到特定管线上,这时连接的管线上信号最强。此时应该尽量使用低频,因为低频信号可传输很长距离。

1.4.3.2　被动频率

被动频率探测利用的是地下金属管道上已有的信号。RD8000 支持四种被动频率:电力、无线电、阴极保护和有线电视信号。探测这些频率,不需要发射机,只需要把接收机频率调整到相应的被动频率即可。

电力：利用供电电缆中的交流电流产生的信号。

无线电：利用无线电台（14~26 kHz）所发射的无线电信号，在金属管线中感应的电流所产生的二次电磁场。

阴极保护：通过给易腐蚀金属建筑物施加一个很小的电流来中和腐蚀产生的电流，从而避免或减弱腐蚀的发生。

1.5 天线模式

RD8000 支持四种天线模式，以满足不同应用的需要：峰值模式；单天线模式；谷值模式；峰/谷值模式。

选择天线模式的方法：开机后按下键，直到相应模式的图标出现。

1.5.1 峰值模式

峰值模式是最敏感、最精确的定位和定深模式。菜单上不能禁用峰值模式。

峰值模式下，LCD 显示以下指示：深度、电流、信号强度、罗盘。

1.5.2 单天线模式

单天线模式比峰值模式灵敏度更高、区域更宽。这对于定位深埋的不同管线更有用、更快捷。一旦用单天线模式定位到目标管线后，要用峰值或谷值模式进行精确定位，因为单天线模式不能精确定位。

单天线模式下，LCD 显示以下指示：深度、电流、信号强度、罗盘。

1.5.3 谷值模式

比峰值模式使用更容易，但谷值模式较容易受到干扰的影响，不能用来精确定位，除非在无干扰信号的区域。在谷值模式下接收机只能指示管线的位置，而不能指示管线的方向。

谷值模式下，LCD 显示以下指示：信号强度、罗盘、左右箭头。

1.5.4 峰/谷值模式

峰/谷值模式可同时利用两种模式的优点。

使用成比例的箭头，将接收机放在谷值点。如果峰值响应不是最大，就证明磁场受干扰。如果峰值响应在谷值点处最大，就证明干扰很小。此时，选择峰值模式获取深度和电流值。

峰/谷值模式下，LCD 显示以下指示：成比例的左右箭头、信号强度、罗盘、电流、深度。

1.5.5 追踪管线并精确定位

当确定了一段管线的精确位置时，需要继续对管线位置进行追踪，将接收机调到谷值模式可以提高追踪管线的速度。

沿着管线的路由向前走动，并左右摆动接收机，观察管线上方的谷值响应和管线两侧的峰值响应。当接收机跨越管线时，左右箭头将指示管线是在接收机的左边或右边。

每隔一段时间，将接收机调到峰值模式，对管线进行精确定位。精确定位的过程中需要调节灵敏度，使表头读数保持合适的大小。具体做法如下：

（1）保持接收机天线与管线的方向垂直，移动接收机横跨管线。确定响应最大的点。

（2）不要移动接收机，原地转动接收机，当响应最大时停下来。

（3）保持接收机垂直地面，在管线上方左右移动接收机，在响应最大的地方停下来。

（4）把天线贴近地面，重复（2）和（3）。标记管线的位置和方向。

1.6　测深方法

常用的测量管线点埋深的方法有两种：直读法和 70%法。

1.6.1　直读法

直接从屏幕读出管线点埋深，当管线深度小于 1 m，且管线单一、干扰较小的情况下使用。

1.6.2　70%法

70%法是一种经验性的方法，在管线探测中最为常用。具体做法如下：

(1)左右移动接收机，找到信号强度最大的位置，做上标记，并记住这个数值 a。

(2)横向移动接收机，在标记左右处分别找到信号强度最大值的 70%的信号值处($0.7a$)，分别做上标记。

(3)理论上左右标记位置应对称，但如受到其他管线干扰，左右不对称，就需要进行修正：如果可以确定单侧有干扰，就以无干扰侧为准；如果两侧都有干扰，把管线位置调整到左右标记中点，探测中点位置处的信号强度是否最强，重新确定左右 70%位置，如此反复修正，最终确定的两个 70%之间的长度即为管线的埋深。

2　GSSI 探地雷达

2.1　仪器介绍

GSSI 探地雷达是美国 GSSI 公司的产品。该公司创始于 1969 年，是世界上第一家专业研制探地雷达的公司，其前身为美国宇航局，产品遍布全球，目前全球超过 4 500 套，占全球销量 70%以上；在中国超过 500 套，占中国市场份额的 60%以上。

美国劳雷工业公司，成立于 1992 年，是主要从事科技仪器的应用研究、系统集成、市场营销、技术支持和售后服务，以及工业专用技术装备的贸易和工程技术咨询服务的公司，是国内最早、最大、最具影响力的一家物探仪器设备销售及服务公司。该公司总部在美国硅谷地区，分别在北京、上海、成都、香港设有办事处。

自 1994 年以来，劳雷公司首先将 GSSI 公司的雷达引进中国并一直作为 GSSI 公司在中国和远东地区的独家代理和合作伙伴，十多年来在地质雷达销售、应用和开发方面，积累了丰富的经验和技术储备，素以技术、诚信和良好的服务著称。

GSSI 探地雷达主要由主机、天线、连接电缆、测量轮等部分组成，如图 3-13～图 3-17 所示。

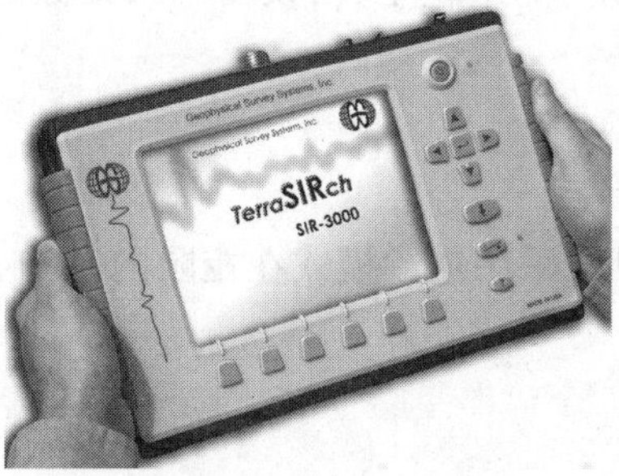

图 3-13　SIR-3000 主机

图 3-14　400M 天线

图 3-15　100 M 天线

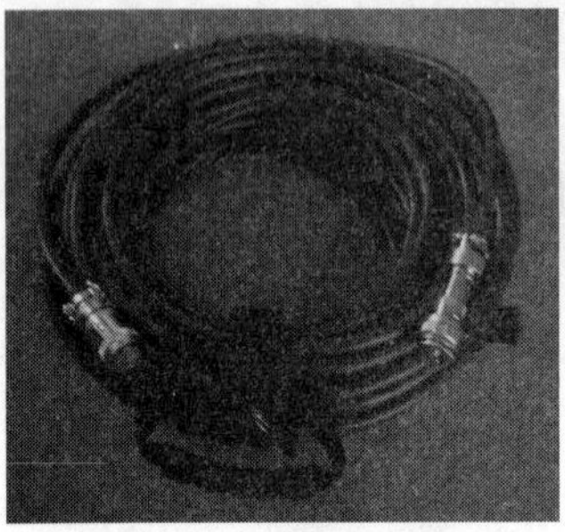

图 3-16　连接电缆

图 3-17　测量轮

GSSI 探地雷达各部分的功能如下：

(1) 主机：进行各项探测操作，显示雷达图像，进行数据通信。

(2) 天线：发射和接收信号。

(3) 连接电缆：连接主机和天线。

(4) 测量轮：距离模式下用来测距。

2.2　数据采集方法和步骤

2.2.1　数据采集方法

GSSI 探地雷达数据采集的方法主要有两种：连续模式和距离模式。

(1) 连续模式：又称时间模式，只要开始采集，仪器就不间断地采集数据，因此容易产生无效信息，数据处理过程也相对复杂，精度较距离模式要低，主要在一些无法利用距离模式施测的条件下使用。

(2) 距离模式：每次测量之前都要进行测量轮标定，测量轮不转，仪器不采集数据，相比连续模式精度要高，数据处理也相对简单，使用普遍。

2.2.2　数据采集步骤

2.2.2.1　连续模式数据采集步骤

要求：利用 SIR-3000 主机、400 M 天线、50 m 皮尺，采用连续模式在校园内已知 *A*、*B* 两点间线路上进行数据采集。

操作步骤如下：

(1) 仪器连接。

①主机开箱，安装电池。

②利用两个连接环将拉杆与天线正确连接。

③利用电缆正确连接主机与天线并开机。

(2)系统菜单参数设置。

①选择“系统—设置—调用”,选择 400 MHzTime。

②选择“系统—单位—垂直刻度”,选择 time(时间是准确的,在探测区域介电常数准确的前提下,可以选择距离)。

(3)采集菜单参数设置。

①选择“采集—雷达”,频率选 400 MHz(步骤(2)中天线选好后,此处会自动调用 400 MHz),发射率选 100 kHz(最大 100 kHz,发射率越大,可设采样点数越多,探测越详细),模式选 Time。

②选择“采集—扫描”,采样选 512(每接收一个扫描的采样点数),格式位选 16,记录长度设为 50~100,介电常数设为 8.00(新到一个区域,必须进行介电常数测试,否则测出来的埋深不准确,这个数值可以先设一个,用 RADAN7 软件可以修改,这次利用 RD8000 管线探测仪测出一处金属管线点的埋深,然后演示用 RADAN7 反算介电常数的方法),扫描速度设为 60~100(每秒钟扫描点数,扫描速度×采样点数≤发射率),扫描/单位(每米扫描点数,距离模式时用到)默认 40 即可。

③选择“采集—位置”,选择 Manual(手动),表面设为 0(设为 0 后波形上方会出现一条直线段,这样可以有助于确定地面的位置),设置延时值大小,使单波形上方直线段适中(预留一点直线段就可以,方便软件处理时确定地面的位置)。

④选择“采集—滤波”,IIR 低通选择 800,IIR 高通选择 100(400M 天线的滤波常用设置),叠加选择 3~5 次。

⑤选择“采集—增益”,选择 Auto(自动),增益点选择 3~4 个(越往地下,信号越弱,波动越不明显,设置合适的增益点可以把信号放大)。

(4)数据采集。

①利用钢尺在 A、B 两点间布设测线,把天线放置在 A 点附近,使 A 点和天线的某一位置平齐,按“运行/设置”键开始采集,按一下拉杆上打标器或者主机上“MARK”键进行打标。

②拉动仪器沿测线向 B 点方向尽量匀速移动,每 3 m 打一个标,在有障碍物的地方也可以打标。

③到达 B 点后按“运行/设置”键停止采集,系统会提示是否保存,选择“是”,保存数据。

④把数据导出到 U 盘或者 CF 卡等存储区。

⑤按停止键,然后长按电源键 3 s,关闭主机。

(5)整理仪器。

取下主机电池并装箱,正确拆下电缆与拉杆,仪器装箱。

2.2.2.2　距离模式数据采集步骤

要求:利用 SIR-3000 主机、400M 天线、50 m 皮尺,采用距离模式在校园内已知 A、B 两点间线路上进行数据采集。

操作步骤如下:

(1)仪器连接。

①主机开箱,安装电池。

②利用两个连接环将拉杆与天线正确连接。

③利用电缆正确连接主机与天线并开机。

(2)系统菜单参数设置。

①选择"系统—设置—调用",选择400 MHzTime。

②选择"系统—单位—垂直刻度",选择time(时间是准确的,在探测区域介电常数准确的前提下,可以选择距离)。

(3)采集菜单参数设置。

①选择"采集—雷达",频率选400 MHz(步骤(2)中天线选好后,此处会自动调用400 MHz),发射率选100 kHz(最大100 kHz,发射率越大,可设采样点数越多,探测越详细),模式选Distance。

②选择"采集—扫描",采样选512(每接收一个扫描的采样点数),格式位选16,记录长度设为50~100,介电常数设为8.00(原因同连续模式),扫描速度设为60~100(每秒钟接收电磁波数,扫描速度×采样点数≤发射率)之间,扫描/单位(每米接收电磁波数,距离模式时用到)默认40即可。

③选择"采集—位置",选择Manual(手动),表面设为0(设为0后显示的是完整波形,以便手动调整地面的位置),设置延时值大小,使单波形上方直线段适中(预留一点直线段就可以,方便软件处理时确定地面的位置)。

④选择"采集—滤波",IIR低通选择800,IIR高通选择100(400M天线的滤波常用设置),叠加选择3~5次。

⑤选择"采集—增益",选择Auto(自动),增益点选择3~4个(越往地下,信号越弱,波动越不明显,设置合适的增益点可以把信号放大)。

(4)测量轮标定。

模式选Distance后,会出现测量轮标定窗口,具体方法如下:

①利用皮尺在地面准确量出一定距离(如10 m)作为测线。

②在Distance中输入标定距离(10 m),把天线某个位置(如中间)放在测线起点,按Enter键。

③沿着测线方向移动天线至测线终点。

④按Enter键完成标定。此时测量轮的总脉冲数除以标定距离(10 m)就是单位距离内的脉冲数,保存在New对话框中,按确定键结束标定。

(5)距离模式数据采集。

①利用皮尺在A、B两点间布设测线,把天线放置在A点附近,使A点和天线的某一位置平齐,按"运行/设置"键开始采集。

②拉动仪器沿测线向B点方向移动,在有明显管线的地方可以按拉杆上的打标器或者主机上的"MARK"键打标,在有障碍物的地方也可以打标。

③到达B点后按"运行/设置"键停止采集,系统会提示是否保存,选择"是",保存数据。

④把数据导出到U盘或者CF卡等存储区。

⑤按停止键,然后长按电源键3 s,关闭主机。

(6)整理仪器。

取下主机电池并装箱,正确拆下电缆与拉杆,仪器装箱。

2.3　不同频率天线的探测深度值

GSSI 探地雷达配备了不同频率的天线，天线频率越高，探测深度越低，具体如表 3-1 所示。

表 3-1　不同频率天线的探测深度值

天线频率	探测深度值
2.5 GHz	0.3~0.6 m
1.0 GHz	0.6~1.0 m
900 MHz	0.75~1.5 m
400 MHz	1.5~3 m
300 MHz	3~6 m
100 MHz	10~20 m

需要指出的是这种深度值只是相对的，对于不同分辨率要求和不同介质，即使运用同一种探测天线，当电磁波穿过的介质电导率不同时，其探测深度也有很大差异。

探地雷达进行实地探测时，首先需要根据地质资料和工程经验估算目标体深度、常见介质的物理参数（见表 3-2），再根据上述关系来选择雷达天线的中心频率。

表 3-2　常见介质的物理参数

介质	电导率 $\sigma(\times10^{-3}\ s/m)$	相对介电常数 ε_r	波速 $v(\times10^6\ m/s)$	衰减系数 $a(dB/m)$
空气	0	1	0.3	0
洁净水	0.5	81	0.033	0.1
海水	3 000	81	0.01	103
冰	0.01	3~4	0.17	0.01
花岗岩（干-湿）	0.01~1	5~7	0.15~0.1	0.01~1
灰岩（干-湿）	0.5~2	4~8	0.11~0.12	0.4~1
砂（干-湿）	0.01~1	3~30	0.05~0.06	0.01~3
黏土	2~1 000	5~40	0.06	1~300
页岩	1~100	5~15	0.09	100
淤泥	1~100	5~30	0.07	1~100
土壤	0.1~50	3~40	0.13~0.17	20~30
混凝土	—	6.4	0.12	—
沥青	—	3~5	0.12~0.18	—

3　RADAN7 软件

本小节将使用 RADAN7 软件对上一小节“2　GSSI 探地雷达”中采集的数据进行处理，

探明校园内 A、B 两点间线路上的管线情况。

3.1　软件简介

RADAN 软件可以用来处理 GSSI 探地雷达采集的数据,现在最新的版本是 RADAN7,双击软件图标,打开软件,界面如图 3-18 所示。

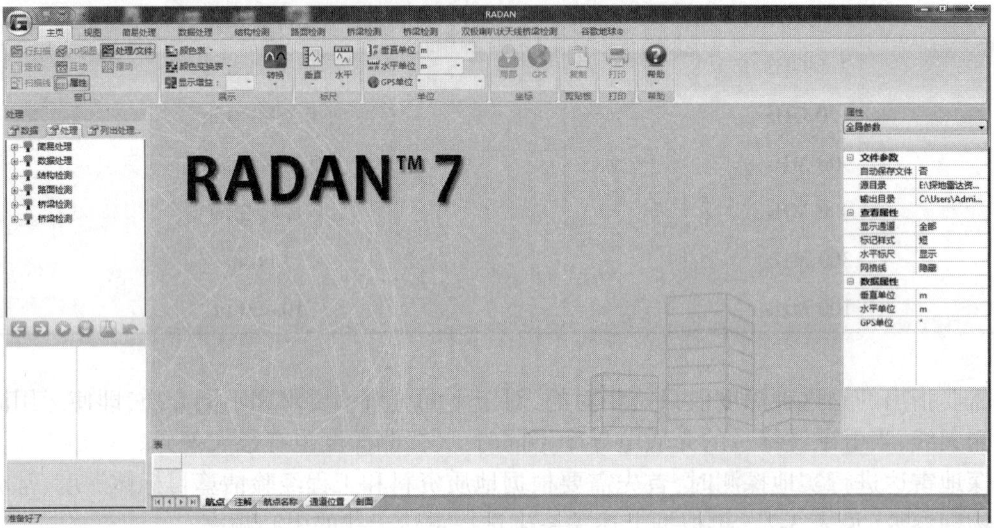

图 3-18　RADAN7 软件主界面

首先设置文件参数,以便进行数据处理,文件参数设置页面如图 3-19 所示。

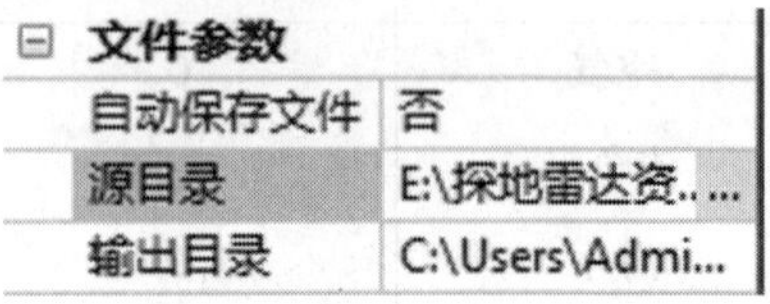

图 3-19　文件参数设置

自动保存文件选择“否”,如果选择“是”的话,源目录和输出目录将不能更改。

单击“源目录”,右侧会出现…,单击,弹出对话框,选择原始数据所在目录,这样点击“文件—打开”,会自动进入设定位置。

单击“输出目录”,右侧会出现…,单击,弹出对话框,选择输出成果所在目录,这样每一步操作的处理结果都会保存在此目录下。设置好以后如图 3-20 所示。

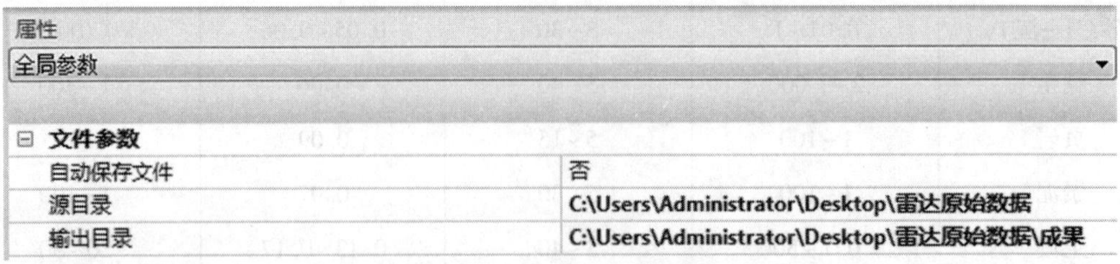

图 3-20　文件参数设置完成

3.2　连续模式数据处理

对在连续模式下采集的数据进行处理,得到所需要的位置和埋深信息,步骤如下:

(1)打开文件。点击“文件—打开”选择文件“连续模式 . DZT”,点击“打开”,如图 3-21 所示。

打开后连续模式数据如图 3-22 所示。

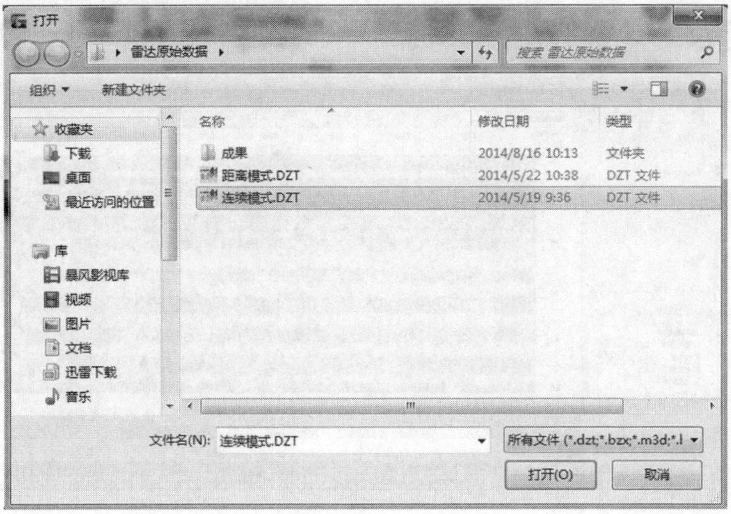

图 3-21 选择原始数据

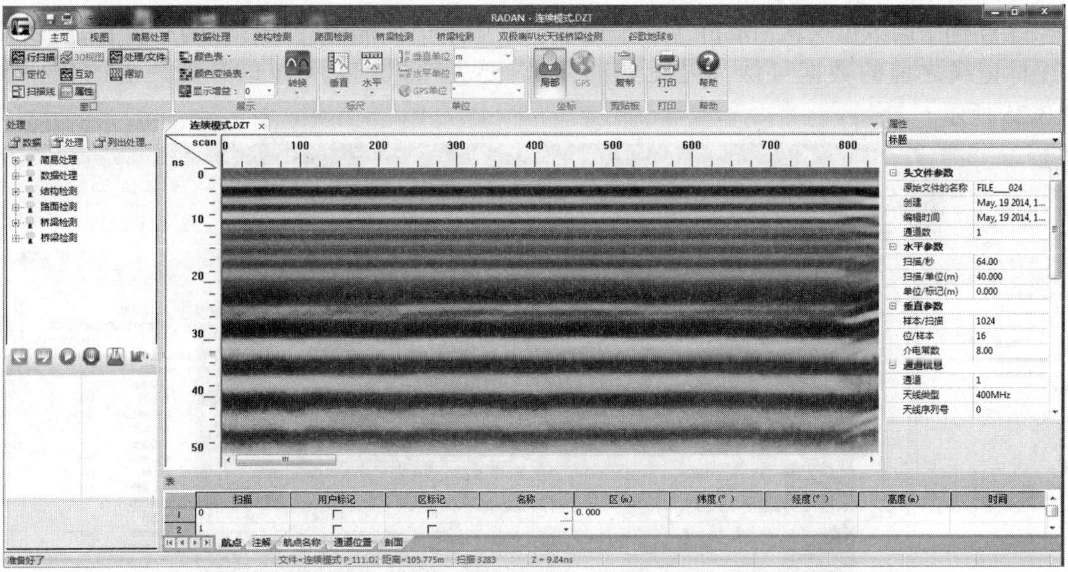

图 3-22 连续模式原始数据

(2)去除无效信息。在连续模式下,即使天线没有移动,接收天线也会一直采集数据,这样在测量中就很容易产生无效信息,如图 3-22 所示,刚开始的一段扫描中信号完全相同,可认为是无效信息,需要去除(如没有无效信息则跳过此步)。

点击“数据处理—编辑数据块”,数据块区域会出现一个悬浮窗口,如图 3-23 所示,用鼠标调整窗口的位置和大小,使窗口覆盖要去除的无效数据,如图 3-24 所示。

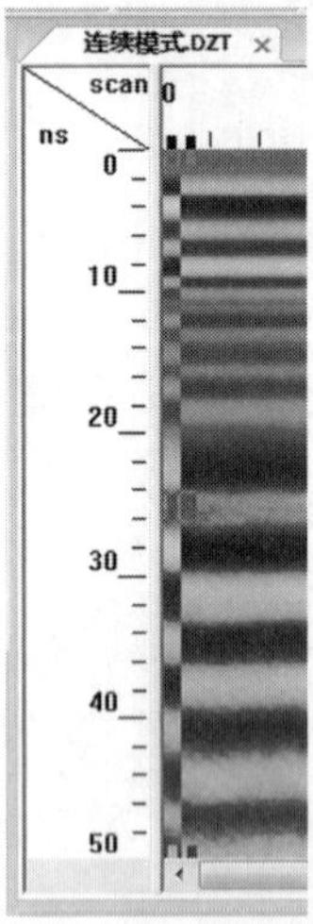

图 3-23　悬浮窗口位置

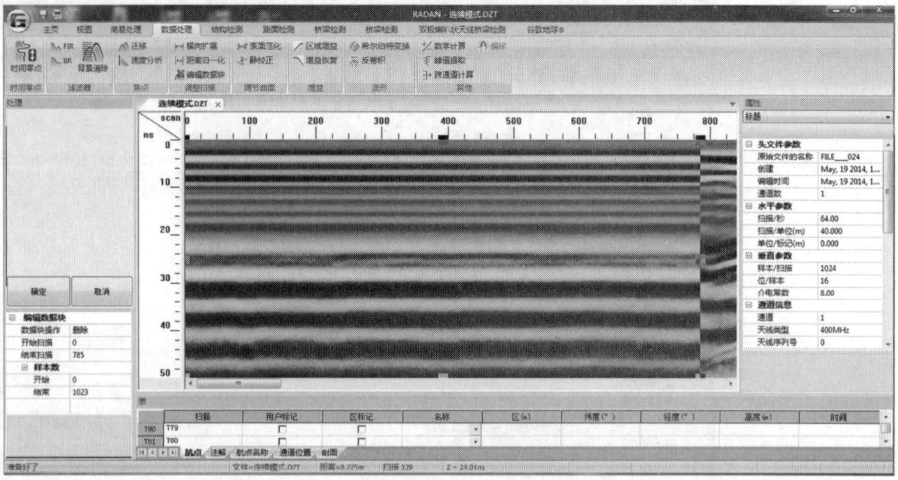

图 3-24　调整后悬浮窗口

左侧数据块操作改为“删除”，点击“确定”，软件会弹出对话框询问是否保存，点击“保存”，这样选中的数据块就被删除了。在连续模式中第一个标记线是打在起点位置，所以第一个标记线之前的数据可认为是无效的，也需要去除掉。去无效信息处理后的数据如图 3-25 所示。

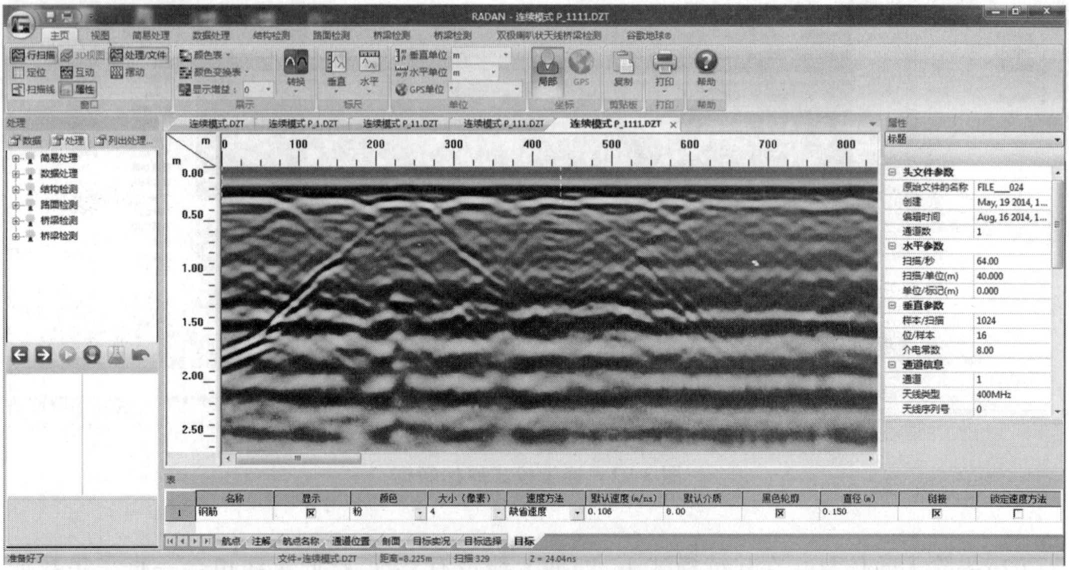

图 3-25　去无效信息处理后的数据

每进行一次数据处理后，软件会自动把水平单位改为距离单位(m)，垂直单位改为深度单位(m)，实际上此时是不准确的。在垂直标尺栏点击右键，垂直标尺选择“时间(ns)”，水平标尺选择“扫描”，修改为准确的单位，如图 3-26 所示。

(3)距离归一化。需要利用管线点到起点的距离来确定管线点的平面位置，而由于测量时移动速度不均匀，直接把水平刻度改为距离会不准确，因此需要进行距离归一化处理。

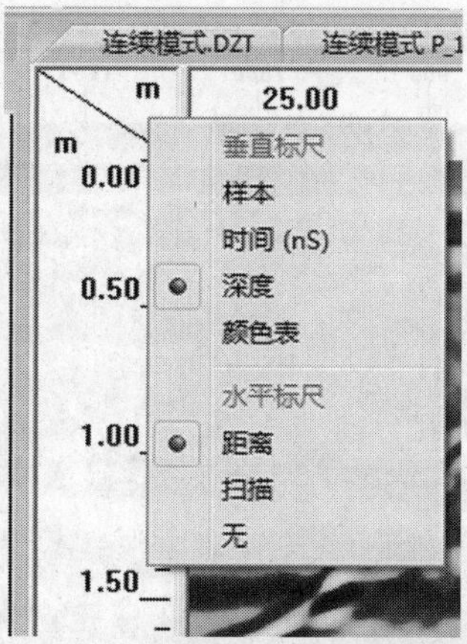

图 3-26 修改水平和垂直单位

在连续测量时,可利用标尺每隔一定距离打一个标记,但由于测量时移动不均,可能造成距离不准确,选择打标时相对比较准确的两个标记。

用鼠标单击前一条标记线,下方信息区显示有用户标记的扫描点数是 842,如图 3-27 所示。

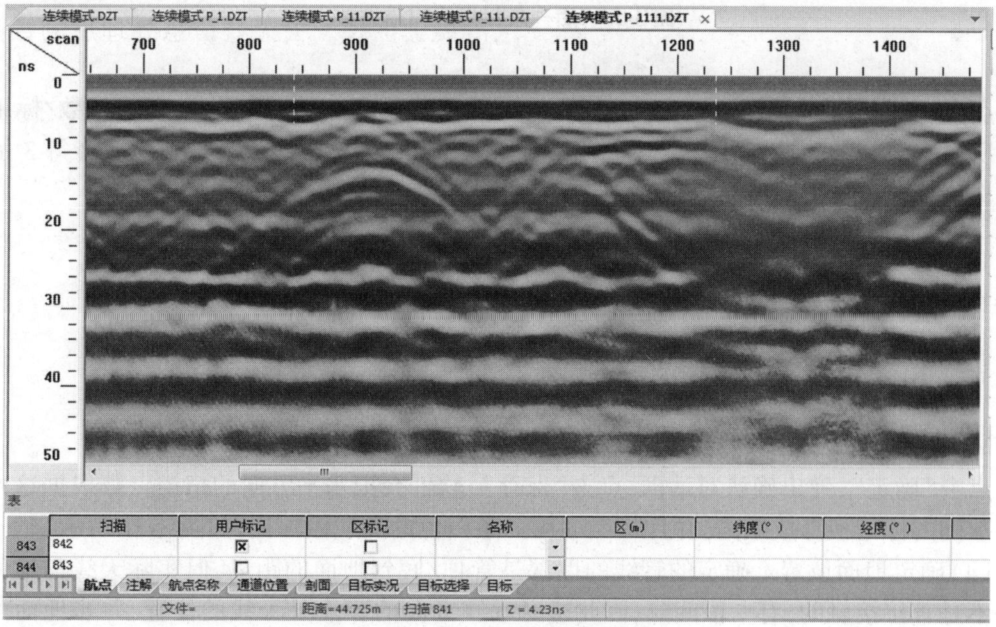

图 3-27 前一条标记线扫描点数

同样单击后一条标记线,下方信息区显示有用户标记的扫描点数是 1236,如图 3-28 所示。

打标时,两个标记相隔 3 m,得出每米扫描点数为(1 236−842)/3≈131,修改右侧水平参数:扫描/单位改为 131,表示每米扫描 131 个点;单位/标记改为 3,表示距离归一化后软件每 3 m 做一个标记,如图 3-29 所示。

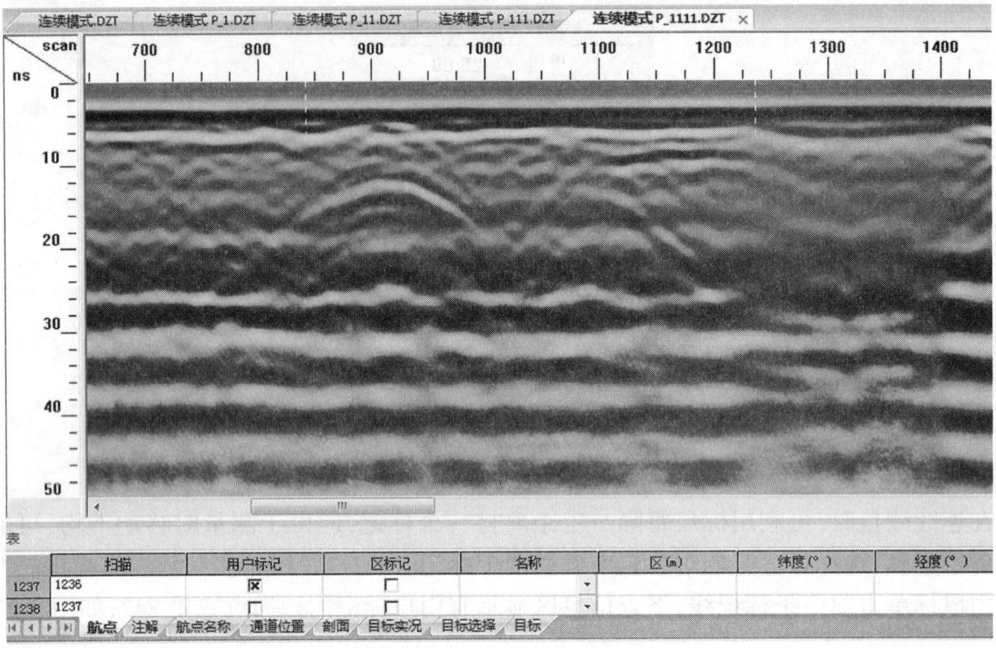

图 3-28　后一条标记线扫描点数

点击“数据处理—距离归一化”,左侧会出现操作提示,扫描数/单位和单位数/标记同刚才所输水平参数,应用到用户选择“Ture”,如图 3-30 所示,这样距离归一化后会每 3 m 做一条标记线。

图 3-29　水平参数设置

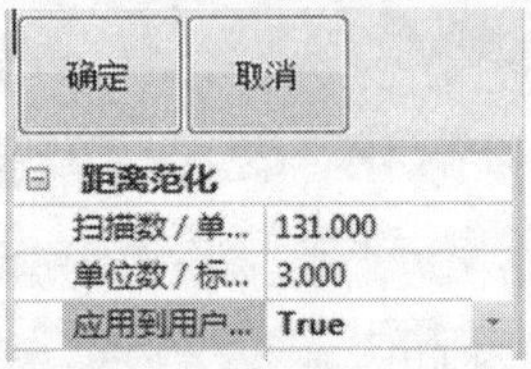

图 3-30　距离归一化参数设置

点击“确定”,弹出确认对话框,点击“保存”,软件会把水平方向的扫描点数根据这两个相对准确的标记换算成距离,并且每 3 m 用一条白色的实线做标记,如图 3-31 所示。

(4)确定地面位置。确定的管线的埋深是管顶/底到地面的距离,但实际天线与地面之间并不是直接接触的,有一段间隔,因此这时垂直方向的零点是天线的位置,并非地面的位置,需要确定出地面的位置。

点击“数据处理—时间零点”,此天线的第一个正波峰是地面的位置,按住鼠标左键,上下拖动,使第一个正波峰与 0.0 刻划线重合,如图 3-32 所示,点击“确定”,再点击“保存”,此时得到的波形是从地面开始的,如图 3-33 所示。

(5)反算介电常数。利用探地雷达进行探测,必须知道探测区域的介电常数,才能探测出准确的深度,如果探测前不知道,可以先假定一个介电常数值,然后根据已知的管线点埋深(开挖探测或用管线探测仪探测的金属管线)进行反算。在距起点 6.5 m 左右的位置可用管线探测仪测出一条金属管线的埋深(管顶到地面的距离)为 0.7 m,下面来看一下如何

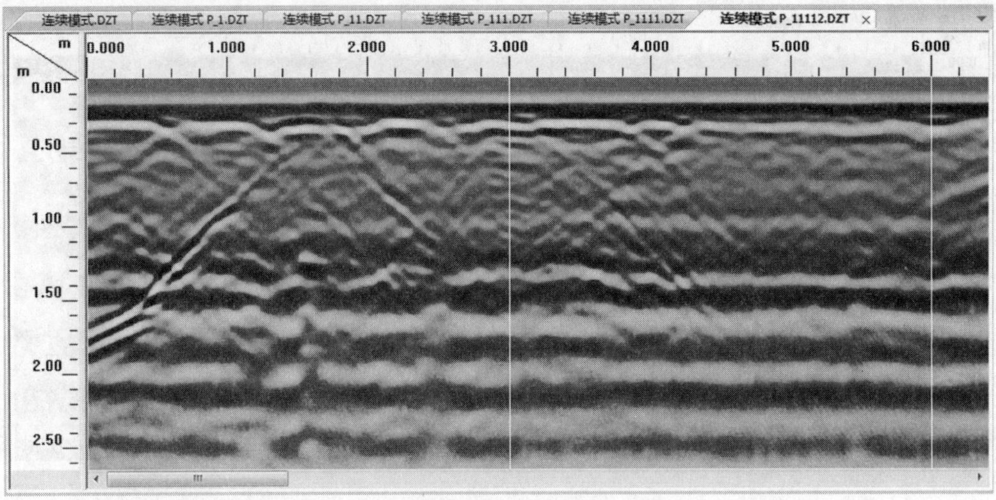

图 3-31　距离归一化完成后数据

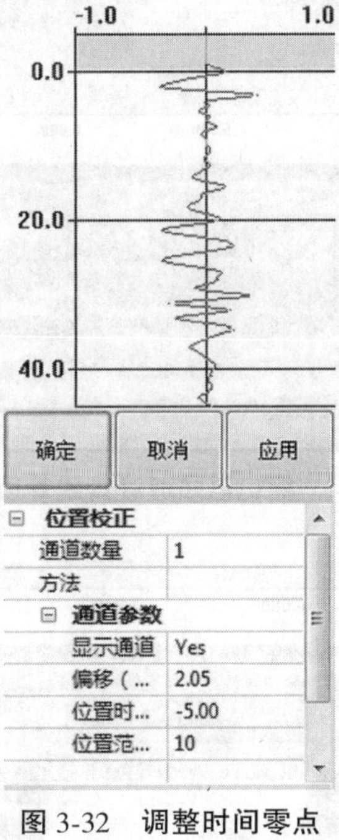

图 3-32　调整时间零点

反算介电常数。

①点击“路面检测—互动”，选择类型改为“目标”，然后点击“单点”，利用鼠标左键把探测出来的管顶位置标记出来，如图 3-34 所示，为了标得准确一些，可以把搜索宽度改小，如果标记错了，可以在标出的点上按鼠标右键取消标记。

②点击“地层状况”，此时鼠标会变成一个向上的箭头，使箭头的顶端与已知的管顶位置重合，单击，在弹出的对话框中输入已知的埋深值 0. 7 m，点击“确定”，如图 3-35 所示。这时软件就把此处的介电常数计算出来了。

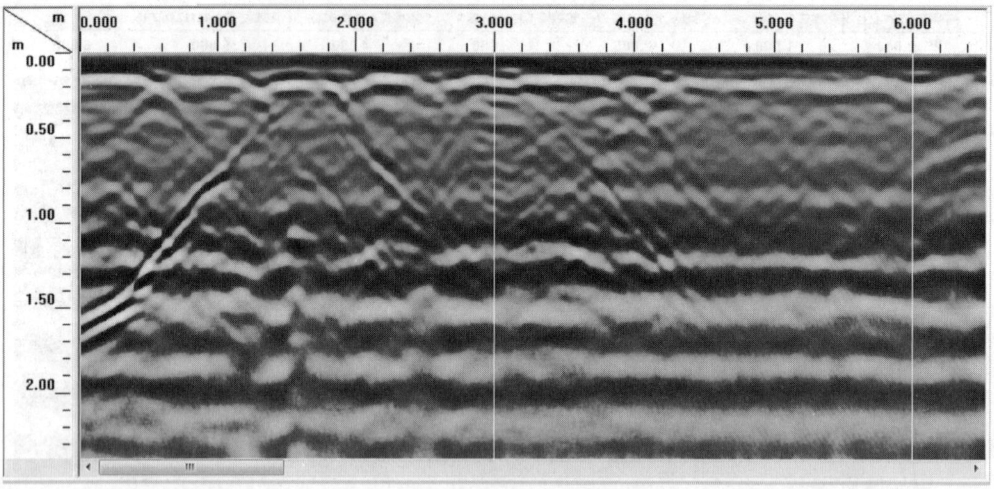

图 3-33　确定地面位置后数据

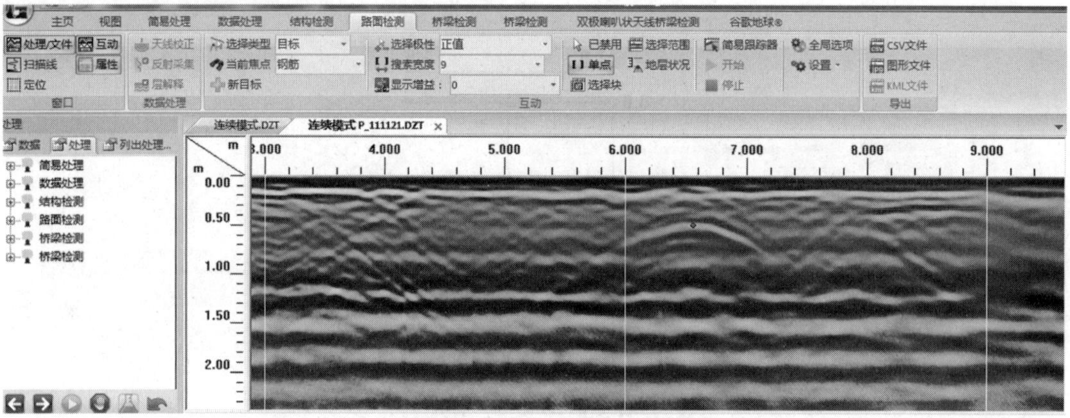

图 3-34　标记已知埋深管线管顶位置

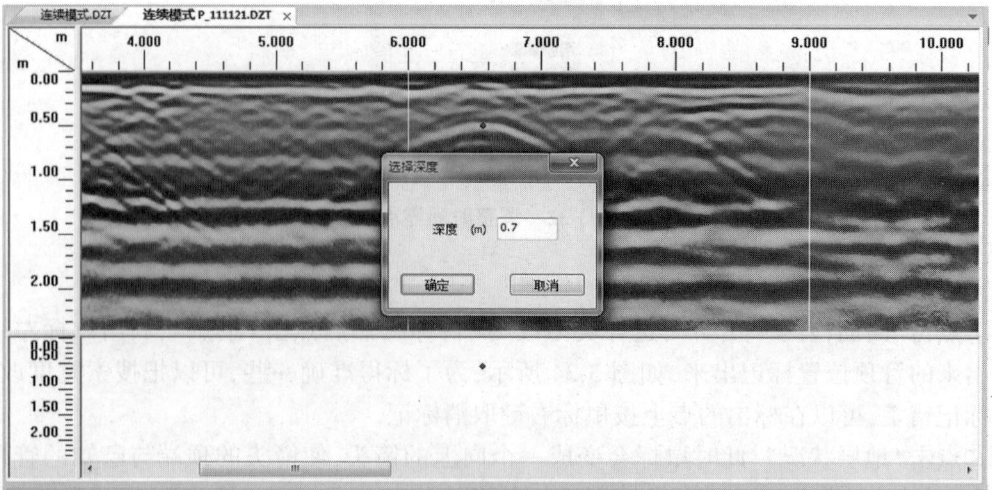

图 3-35　输入已知深度

③点击软件下方信息区“目标实况”选项卡,“层介质”一列的数值 4.05,即为所反算的介电常数,如图 3-36 所示。

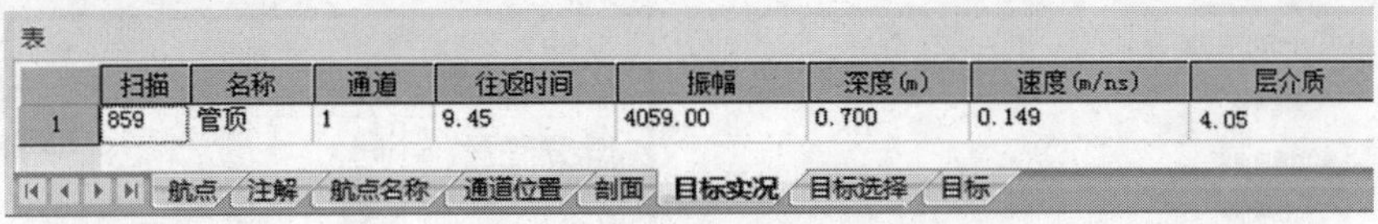

	扫描	名称	通道	往返时间	振幅	深度(m)	速度(m/ns)	层介质
1	859	管顶	1	9.45	4059.00	0.700	0.149	4.05

图 3-36　反算出的介电常数

(6)标记管顶位置并计算实际深度。点击“单点”,分析并标记出此区域的所有管线的管顶位置。

点击“选择范围”图形区域会出现一个悬浮窗口,用鼠标调整悬浮窗口的位置和大小,使悬浮窗口覆盖所有的标记处的管顶位置,然后在悬浮窗口上点击右键,选择模式选项—更改选择速度,如图 3-37 所示,在弹出的对话框中输入新速度 0.149(对应 4.05 的介电常数),点击“确定”,此时选定区域的介电常数都被修改为新值,实际深度也计算出来,如图 3-38 所示。

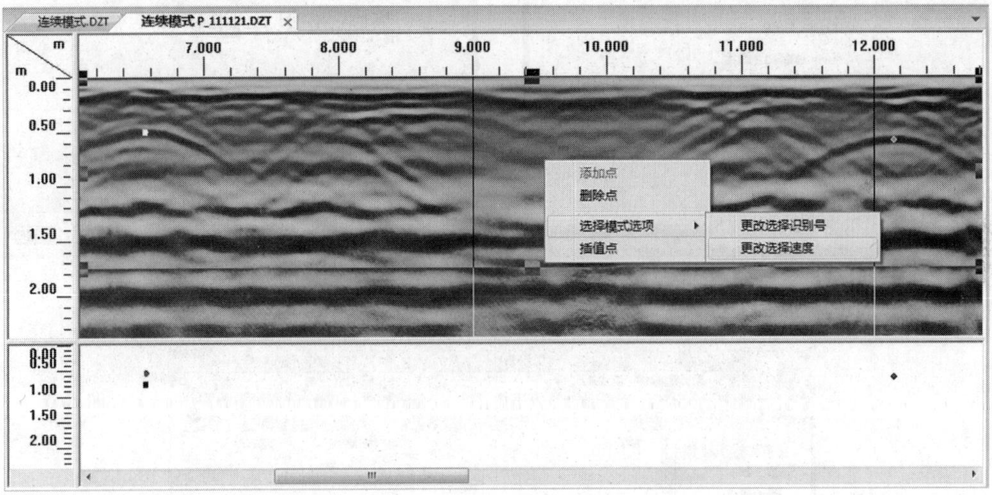

图 3-37　更改选择速度

	扫描	名称	通道	速度方法	往返时间	振幅	深度(m)	层速度(m/ns)	层介质
1	860	管顶	1	缺省速度	9.45	4105.00	0.700	0.149	4.05
2	1592	管顶	1	缺省速度	11.02	4753.00	0.817	0.149	4.05
3	2693	管顶	1	缺省速度	6.96	5309.00	0.513	0.149	4.05
4	3636	管顶	1	缺省速度	4.03	3068.00	0.290	0.149	4.05
5	3864	管顶	1	缺省速度	7.70	5494.00	0.568	0.149	4.05

图 3-38　标记出的管顶位置实际深度

(7)输出成果。点击“文件—导出—导出选点(.csv)”,按如图 3-39~图 3-43 所示的步骤操作,就可输出带有距起点距离和深度信息的文件。

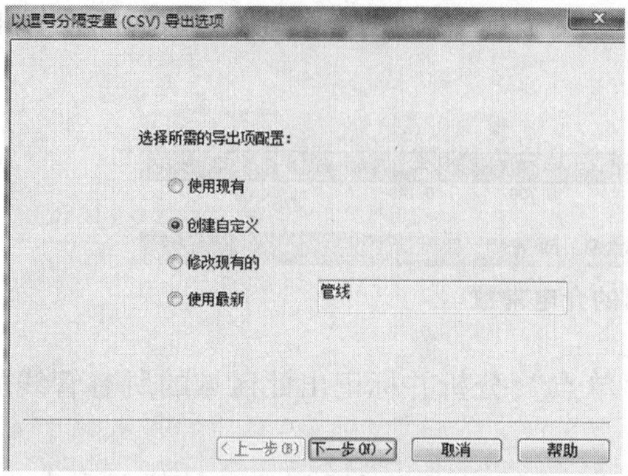

图 3-39　**创建自定义**

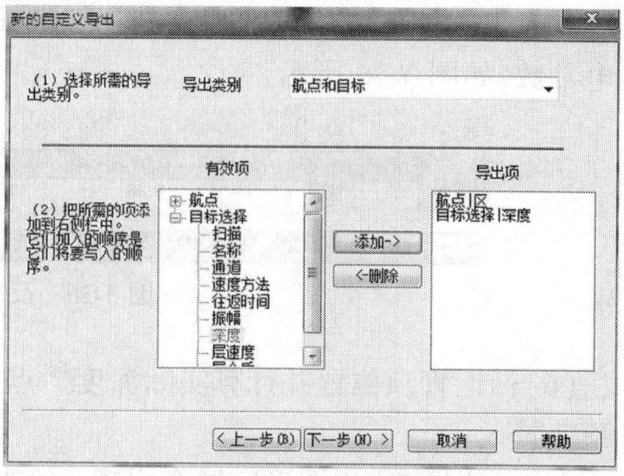

图 3-40　**设置导出项**

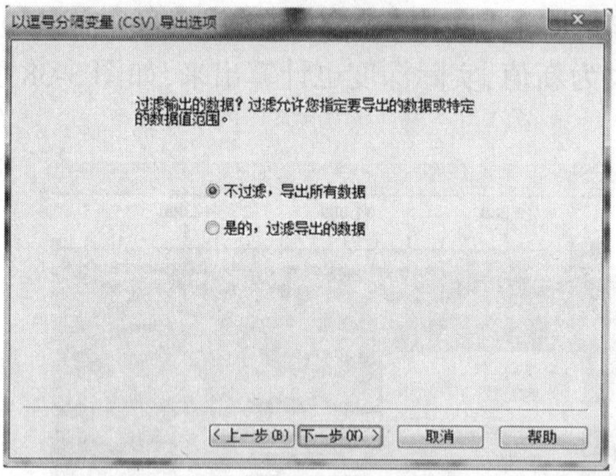

图 3-41　**导出所有数据**

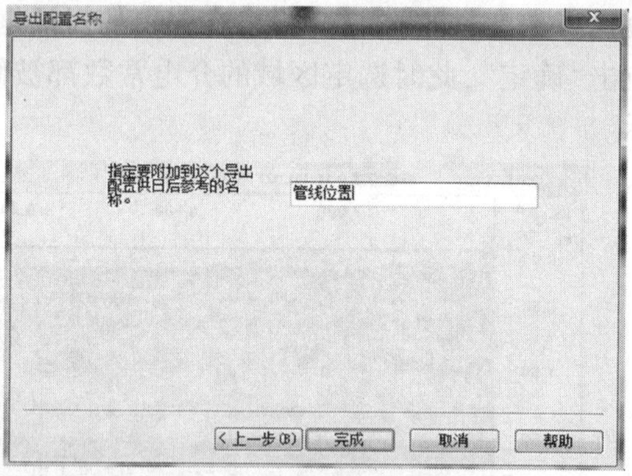

图 3-42　**输入配置名称**

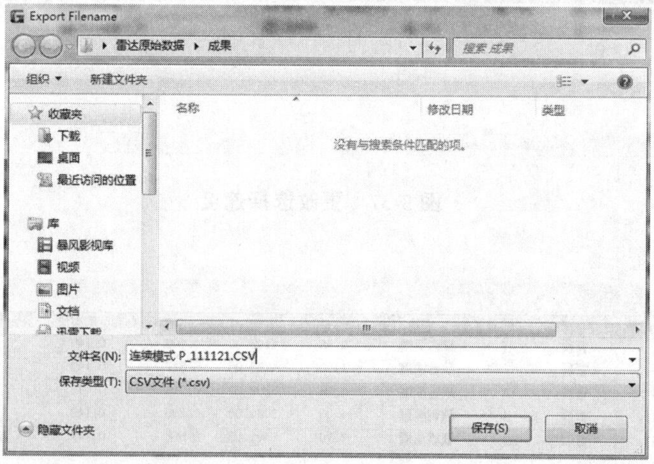

图 3-43　**保存文件**

(8)数据分列。打开导出的 csv 文件,可以看到所有的数据都在一列,为了便于使用,可以对其进行分列,选中数据所在列,按如图 3-44～图 3-48 所示的步骤进行。

得到的成果如图 3-48 所示,其中“区”是管顶距起点的距离,“深度”是管顶到地面的距离。

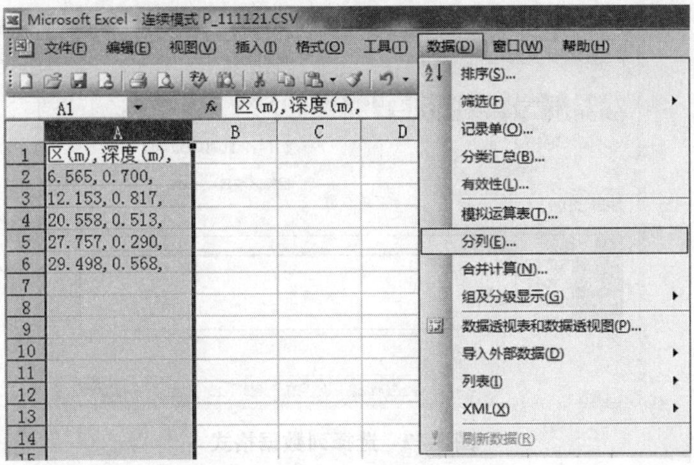

图 3-44　分列

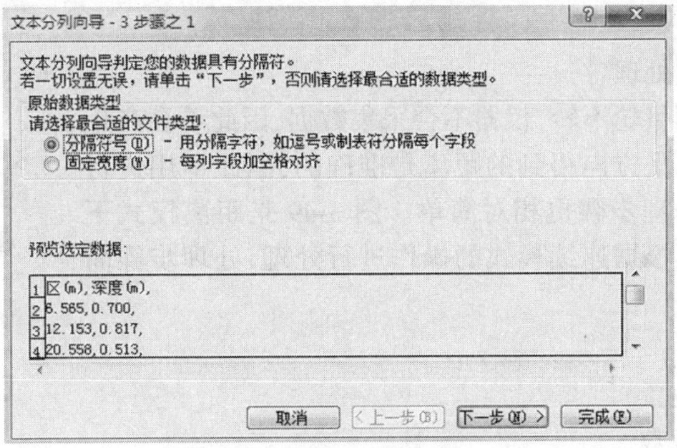

图 3-45　选择按分隔符号分列

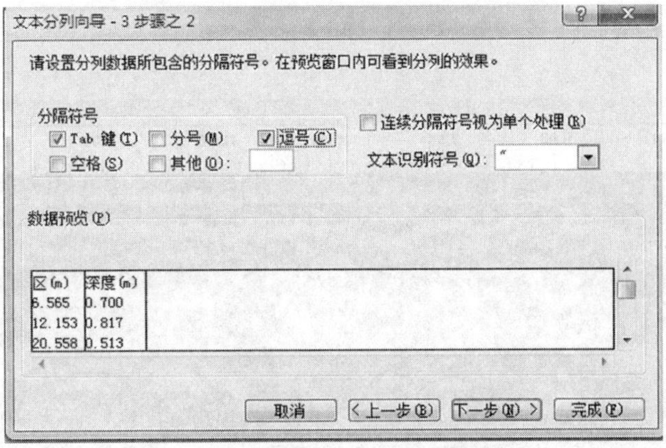

图 3-46　选择分隔符号类型

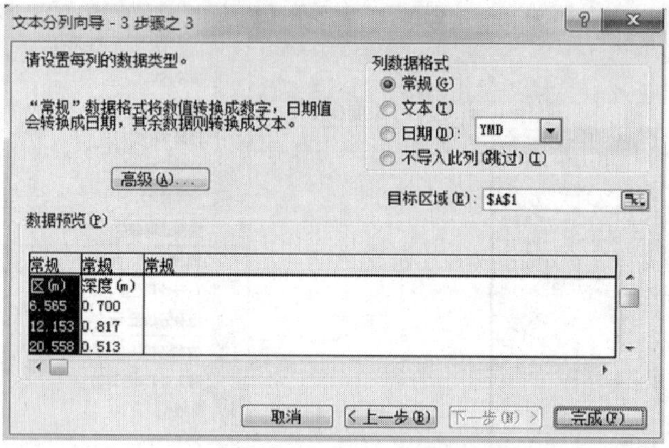

图 3-47　选择列数据格式

注意：如果是排水管线，还需要加上管径才是此处管线的埋深值。

	A	B
1	区(m)	深度(m)
2	6.565	0.7
3	12.153	0.817
4	20.558	0.513
5	27.757	0.29
6	29.498	0.568

图 3-48　分列结果

3.3　距离模式数据处理

距离模式下，测量轮不转，仪器不会采集数据，因此不会产生无效信息，并且在水平方向得到的距离是准确的，因此不用进行距离归一化，数据处理步骤也相对简单。图 3-49 是距离模式下得到的一段数据，可根据连续模式的操作进行处理，处理步骤简化如下：

(1) 打开文件。

(2) 确定地面位置。

(3) 反算介电常数。

(4) 标记管线位置并计算实际埋深。

(5) 输出成果。

(6) 数据分列。

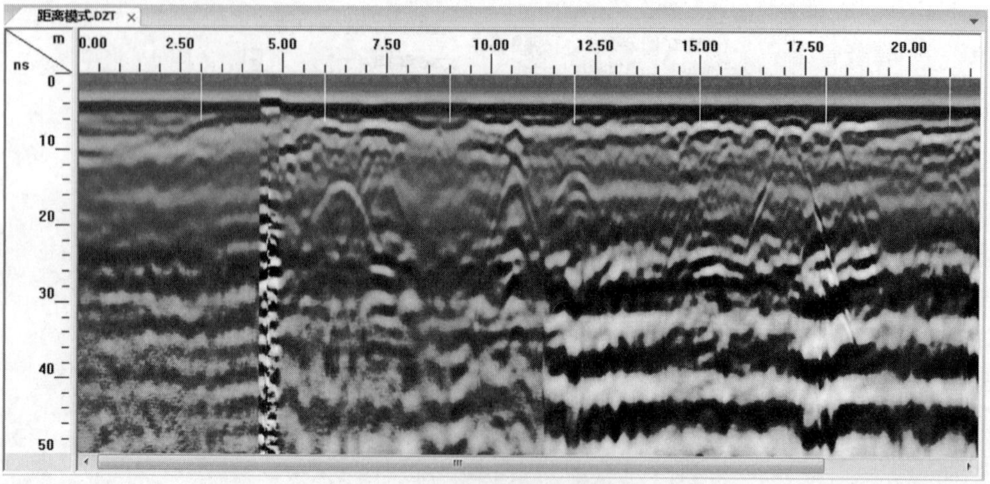

图 3-49　距离模式原始数据

4　探查工作质量检验

作业单位应建立质量管理体系,必须实行“三检”的质检制度,并提交各工序质量检查报告。

(1)各区必须在隐蔽管线点和明显管线点中分别抽取不少于各自总点数的5%,通过重复探查进行质量检查。检查取样应分布均匀,随机抽取,在不同时间、由不同的操作员进行。质量检查应包括管线点的几何精度检查和属性调查结果检查。

管线点的几何精度检查包括隐蔽管线点和明显管线点的检查。对隐蔽管线点应复查地下管线的水平位置和埋深,对明显管线点应复查地下管线的埋深。

探查质量评定标准:

隐蔽管线点的平面位置中误差 m_{ts}、量测埋深中误差 m_{th}:

$$m_{ts} = \pm\sqrt{\frac{\sum \Delta s_{ti}^2}{2n_1}},\quad m_{th} = \pm\sqrt{\frac{\sum \Delta h_{ti}^2}{2n_1}} \tag{3-3}$$

限差:

$$\delta_{ts} = \frac{0.10}{n_1}\sum_{i=1}^{n_1} h_i,\quad \delta_{th} = \frac{0.15}{n_1}\sum_{i=1}^{n_1} h_i \tag{3-4}$$

m_{ts}、m_{th} 不超过限差的0.5倍。

明显管线点重复量测的埋深中误差 m_{td}:

$$m_{td} = \pm\sqrt{\frac{\sum \Delta d_{ti}^2}{2n_2}},\quad |m_{td}| \leqslant 2.5\ \text{cm} \tag{3-5}$$

式(3-3)~式(3-5)中,各符号说明如下:

Δs_{ti}——隐蔽管线点的平面位置偏差,cm;

Δh_{ti}——隐蔽管线点的埋深偏差,cm;

Δd_{ti}——明显管线点的埋深偏差,cm;

δ_{ts}——隐蔽管线点重复探查平面位置限差,cm;

δ_{th}——隐蔽管线点重复探查埋深限差,cm;

n_1——隐蔽管线点的检查个数;

n_2——明显管线点的检查个数;

h_i——各检查点管线中心埋深,cm,当 h_i<100 cm 时,取 h_i=100 cm。

(2)对隐蔽管线点必须进行开挖验证,并应符合下列规定:

每一个测区应在隐蔽管线点中均匀分布,随机抽取不少于隐蔽管线点总数1%且不少于3个点进行开挖验证。

当开挖管线与探查管线点之间的平面位置偏差和埋深偏差超过限差的点数,小于或等于开挖总点数的10%时,该测区的探查工作质量合格。

当超差点大于开挖总点数的10%,但小于或等于20%时,应再抽取不少于隐蔽管线点总数的1%开挖验证。两次开挖验证超差点数小于或等于总点数的10%时,探查工作质量合格,否则不合格。

当超差点数大于总点数的20%,且开挖点数大于10个时,该测区探查工作质量不合格。

当超差点数大于总点数的 20%，但开挖点数小于 10 个时，应增加开挖验证点数到 10 个以上，按上述原则再进行质量验证。

(3)地下管线探查除对管线点的平面位置和埋深进行检查外，还应对管线点的属性调查进行探查。发现遗漏、错误应及时进行补充和更正，确保管线点属性资料的完整性和正确性。

(4)经质量检查不合格的测区，应分析造成不合格的原因，并针对不合格的原因采取相应的纠正措施，然后对不合格测区进行重新探查。在重新探查过程中，应验证所采取纠正措施的有效性。

(5)各项检查工作应做好检查记录，并在检查工作结束后编写管线探查质量检查报告，检查报告内容应包括：①工程概述；②检查工作概述；③问题及处理措施；④精度统计；⑤质量评价。

探查工作现场开挖照片如图 3-50 所示，探查工作质量检验结果实例见表 3-3。

图 3-50　现场开挖照片

表 3-3　探查工作质量检验结果实例

检查级别	点类别	检查点数（个）	占同类点数比例	平面位置(cm)		埋深(cm)	
				中误差 m_{ts}	限差 δ_{ts}	中误差 m_{th}	限差 δ_{th}
项目级	明显点	1 843	5.06%			±2.0	±5.0
	隐蔽点	1 966	7.02%	±3.1	±11.0	±5.5	±16.5
	检查明显管线点超差点数 30 个，占总检查点数的 1.7%；检查隐蔽管线点超差点数 26 个，占总检查点数的 1.3%						
公司级	明显点	1 970	5.41%			±1.8	±5.0
	隐蔽点	1 979	7.07%	±3.2	±11.3	±5.4	±17.0
	检查明显管线点超差点数 22 个，占总检查点数的 1.1%；检查隐蔽管线点超差点数 10 个，占总检查点数的 0.5%						
合计	明显点	3 713	10.20%			±1.90	±5.0
	隐蔽点	3 963	14.16%	±3.2	±11.2	±5.5	±16.8
开挖及钎探点	总点数 445 个，占隐蔽管线点总数的 1.59%，超差点 2 个，超差率 0.45%						

任务 4　地下管线点测量与数据处理

【任务目的】

使学生能够进行管线点测量与数据处理工作。

【任务分析】

管线点测量之前首先要进行控制测量,布设足够的控制点,然后进行管线点测量,利用成图软件进行数据处理与成图工作,最后对测量成果进行质量检验。

【任务要求】

(1)掌握控制网布设方法和要求。

(2)掌握管线点测量的方法和使用的仪器。

(3)会利用南方管线成图软件进行数据处理与成图工作。

(4)掌握测量成果质量检验方法。

【任务准备】

(1)仪器准备:全站仪、RTK、计算机(装有管线成图软件)、多媒体设备等,能够保证正常工作使用。

(2)人员准备:按照实习任务,事先分好小组,轮流操作。

(3)记录准备:准备笔记本、笔等学习用具。

【任务实施】

地下管线点测量与数据处理按以下几个方面进行:①控制测量;②地下管线点测量;③测量成果质量检验;④数据处理。

1　控制测量

地下管线控制测量应在城市的等级控制网的基础上布设图根导线点。城市等级控制点密度不足时应按现行的行业标准《城市测量规范》(CJJ/T 8—2011)的要求加密等级控制点。

图根导线的主要技术要求应符合下列规定:

(1)图根光电测距导线测量的技术要求应符合表 3-4 的规定。

表 3-4　图根光电测距导线测量的技术要求

附合导线长度(m)	平均边长(m)	导线相对闭合差	测回数 DJ6	方位角闭合差(″)	测距	
					仪器类型	方法与测回数
900	800	≤1/4 000	1	$\leqslant \pm 40\sqrt{n}$	Ⅱ	单程观测 1

注:n 为测站数。

(2)图根钢尺量距导线测量的技术要求应符合表 3-5 的规定。

表 3-5　图根钢尺量距导线测量的技术要求

附合导线长度(m)	平均边长(m)	导线相对闭合差	测回数 DJ6	方位角闭合差(″)
500	75	≤1/2 000	1	$\leqslant \pm 60\sqrt{n}$

注:n 为测站数。

(3)当进行 1∶500、1∶1 000 测图时,附合导线长度可放长至表 3-5 规定值的 1.5 倍,此时方位角闭合差不应超过 $\pm 40''\sqrt{n}$,绝对闭合差不应超过图上 ±0.5 mm。当导线长度短于表 3-4 和表 3-5 规定的 1/3 时,其绝对闭合差不应大于图上±0.3 mm。

采用 GPS 技术布测地下管线控制点,可采用静态、快速静态和动态等方法进行。静态测量的作业方法和数据处理按现行的行业标准《全球定位系统城市测量技术规程》(CJJ 73—2010)的要求执行。

采用 RTK 动态测量时应符合以下规定:

(1)基准站的位置宜选择在高处。

(2)准确求取基准站的 WGS-84 坐标。

(3)根据测区大小应连测 3 个以上且分布均匀的等级控制点,求解测区坐标的转换参数。

(4)RTK 测量时应选择卫星较好时段和卫星数不少于 4 颗时进行作业,用户站(流动站)观测时,其观测精度应控制在±2 cm 以内。

(5)每点都应独立地测定两次,其较差应小于 5 cm,否则应重测。

(6)RTK 测定时的数据记录,不但要记三维坐标成果,还应记录原始的观测数据。

图根钢尺量距导线的边长丈量应采用检定过的钢尺,按双次丈量法进行。当尺常数大于 1/10 000、温度大于 10 ℃、坡度大于 1.5%时应加以改正。新的或经检修后的测距仪在使用前应进行全面的检验与校正。当使用钢尺量距时,新尺使用前,每隔一定时间或遭受折损后均应进行校尺。

测距仪测距时可单方向测边,两次读数差值在 1 cm 内取平均值。边长应加测距仪的加、乘常数改正,并用垂直角进行斜距改平。

因地形限制导线无法附合时,可布设不多于四条边的支导线。边长用测距仪测距时,总长不应超过表 3-4 规定长度的 1/2;用钢尺量距时,总长不应超过表 3-5 规定的 1/2。最大边长不应超过表 3-4 和表 3-5 中平均边长的 2 倍。水平角观测应左右角各测一测回,测站圆周角闭合差不应超过±40″。用钢尺量边时,应往返量测。

导线计算可采用简易平差法,边长和坐标值取至毫米,角值取到秒。

高程控制测量应起算于等级高程点,宜沿地下管线布设附合水准路线,不应超过两次附合。使用精度不低于 DS10 型水准仪及普通水准尺单程观测,估读至毫米。水准路线闭合差不应超过 $\pm 10\sqrt{n}$ mm(n 为测站数)。水准路线计算可采用简易平差法,高程计算至毫米。

高程控制测量可采用电磁波三角高程测量方法,与导线测量同时进行,仪高和镜高采用经检验的钢尺量取至毫米。它的主要技术要求应符合表 3-6 的规定。

表 3-6　三角高程测量的主要技术要求

项目	路线长度(km)	测距长度(m)	高程闭合差(mm)
限差	4	100	$\pm 10\sqrt{n}$

垂直角观测测回数与限差应符合表 3-7 的规定。

(1)平面控制。坐标系统:根据已有的高等级控制点确定,CGCS2000、西安 80、北京 54、城市独立坐标系。

表 3-7　垂直角观测的技术要求

等级		测回数	指标差	垂直角互差
一次附合	DJ2	1	15″	25″
	DJ6	2	25″	
二次附合	DJ6	1	25″	

布设方法：在已有高等级控制点基础上布设低等级控制网，GPS 网可布设二、三、四等和一、二级平面控制网；导线网可布设三、四等和一、二、三级平面控制网。

(2) 高程控制。高程系统：根据已有的水准点确定，1985 国家高程基准、1956 黄海高程系统、地方高程系。布设方法：水准测量，可布设二、三、四等；三角高程测量，相当于四等水准测量。

2　地下管线点测量

2.1　定义

管线点：线路的特征点、附属物的中心点。

2.2　任务

测定管线点的平面位置和高程。

2.3　仪器

(1) 管线点的平面位置：GPS、全站仪。

(2) 管线点的高程：水准仪、全站仪。

2.4　要求

物探组尽量在检查过后，成片将野外草图提交给测量组，进行地下管线点测量。物探点号容易写错，测量过程要细心，避免漏点。在测量过程中如发现个别物探点号错误，及时在实地改正。每天野外作业完后，及时将数据转入计算机，并检查数据。如遇到问题及时与物探人员沟通，不要把问题往后拖。

3　测量成果质量检验

地下管线的测量成果必须进行成果质量检验，并符合下列要求：

(1) 测量成果质量检查时，应随机抽查测区管线点总数的 5%进行复测。

(2) 复测管线点的平面位置和高程，应按下列公式分别计算测量点位中误差 m_{cs} 和高程中误差 m_{ch}。

$$m_{cs} = \pm\sqrt{\frac{\sum \Delta s_{ci}^2}{2n_c}},\quad m_{ch} = \pm\sqrt{\frac{\sum \Delta h_{ci}^2}{2n_c}} \tag{3-6}$$

式中　Δs_{ci}——重复测量的点位平面位置较差；

Δh_{ci}——重复测量的点位高程较差；

n_c——重复测量的点数。

(3) 测量点位中误差不得超过±5 cm、高程中误差不得超过±3 cm，否则应返工重测。

(4) 各级检查工作应做好检查记录，并在检查工作结束后编写地下管线测量的检查报告,检查报告应包括下列内容:①工程概况;②检查工作概述;③精度统计;④质量评价;⑤处理意见。

某管线点测量检查点数和中误差统计见表 3-8。

表 3-8 管线点测量检查点数和中误差统计

检查级别	检查点数（个）	占测量总点数比例	平面位置中误差（cm）	高程中误差（cm）
项目级	3 333	5. 18%	±2. 2	±1. 6
公司级	3 392	5. 27%	±2. 3	±1. 7

4 数据处理

4. 1 管线成图软件概况

因为管线的分类各个城市并不完全一样,所以现在市场上没有统一的管线成图软件,各个公司根据自己项目的实际情况自己或者找其他公司开发软件。现在比较成熟的有:

(1)山东正元地理信息有限公司开发的正元管线成图软件。

(2)广州南方数码科技有限公司开发的 CASSPIPE 南方管线测量系统。

本书以 CASSPIPE 南方管线测量系统为例进行讲解。

4. 2 软件介绍

CASSPIPE 是在 AutoCAD 的基础上二次开发出来的,安装的时候可以选择安装在 AutoCAD 或者 CASS 平台上。该软件的安装过程是首先安装 AutoCAD 2005,然后把 CASSPIPE2. 0 安装到 AutoCAD 2005 平台上。

双击软件图标,打开软件,可以看到软件界面如图 3-51 所示。

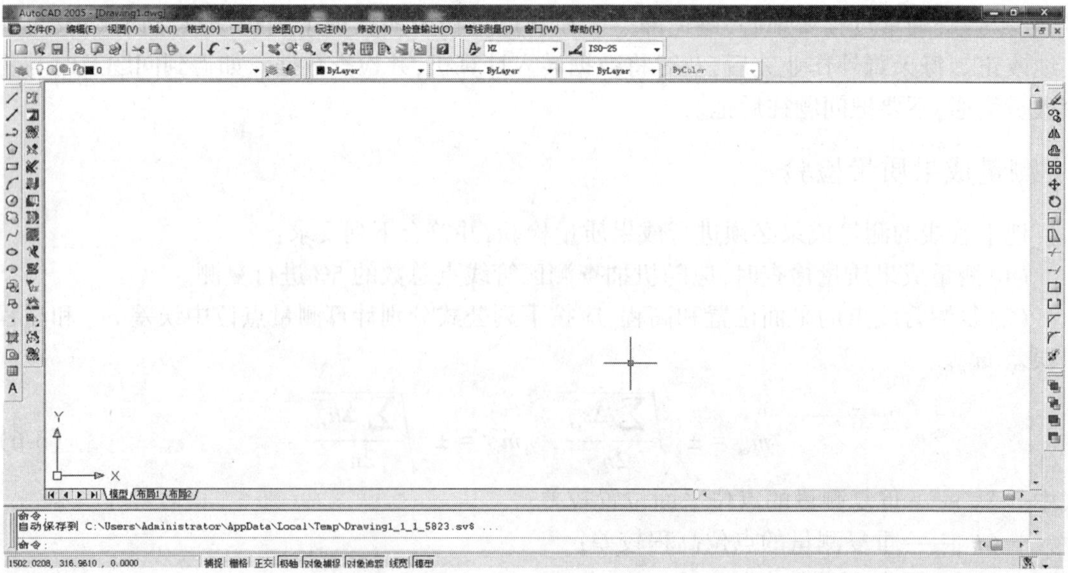

图 3-51 CASSPIPE 软件界面

CASSPIPE 界面与 AutoCAD 界面基本一致,区别就是多了检查输出菜单(见图 3-52)、管线测量菜单(见图 3-53)和管线测量工具栏(管线测量菜单的快捷方式,可根据需要定制)。

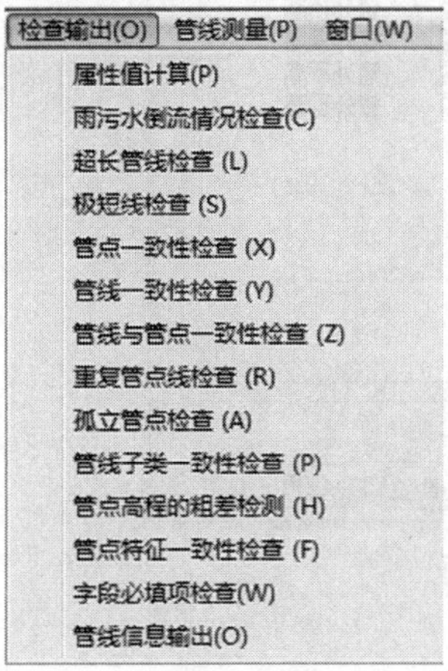

图 3-52　检查输出菜单

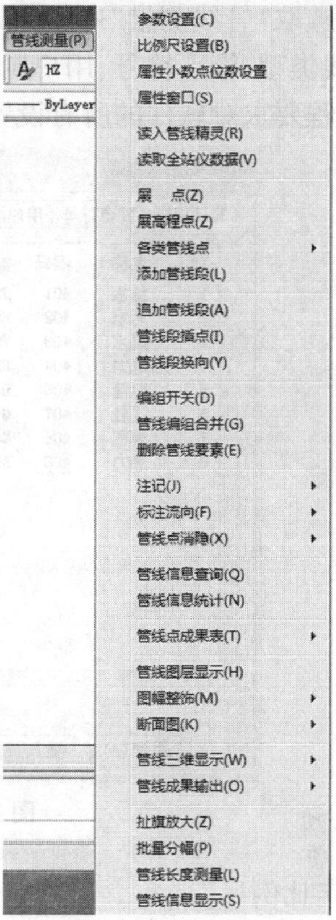

图 3-53　管线测量菜单

4.3　数据处理

本书以测区内一段污水管线为例进行管线图演示。已有成果为:

(1)测区内 1:500 地形图,名为“yuantu. dwg”。

(2)污水管线点坐标文件,名为“wsd. dat”。

(3)外业草图,见图 3-54。

已有成果存放在“D:\examples”文件夹中。

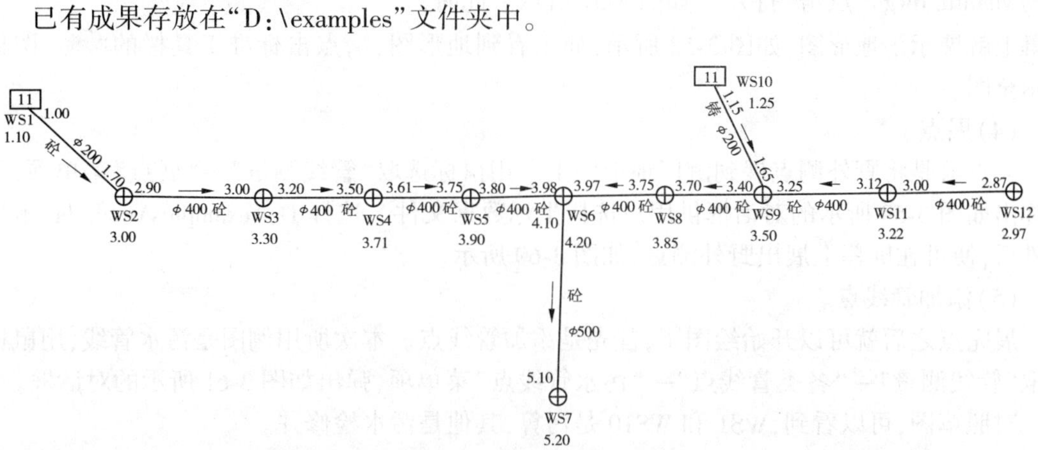

图 3-54　外业草图

数据处理步骤：

(1)参数设置。

用鼠标选取“管线测量”—“参数设置”菜单项，弹出“系统参数修改界面”，如图 3-55 所示，共有管线类型、管点符号、用户属性、属性内容、图框设置、其他选项等六个选项卡，在此可以根据工程要求对软件的所有设置进行修改。

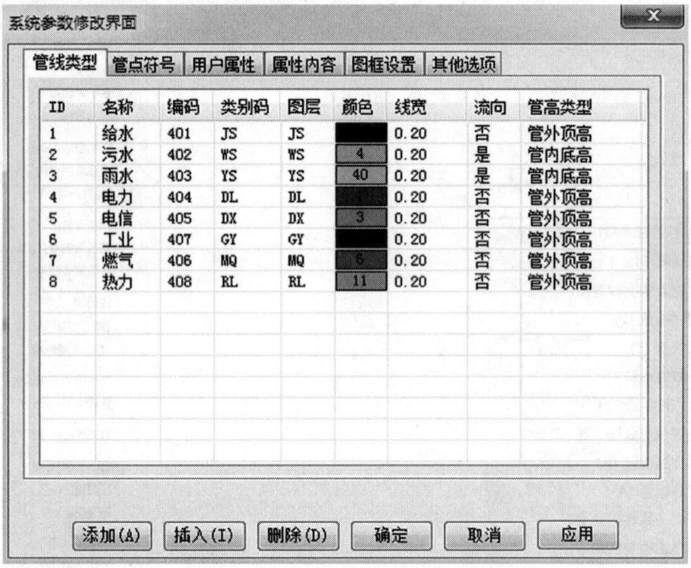

ID	名称	编码	类别码	图层	颜色	线宽	流向	管高类型
1	给水	401	JS	JS		0.20	否	管外顶高
2	污水	402	WS	WS	4	0.20	是	管内底高
3	雨水	403	YS	YS	40	0.20	是	管内底高
4	电力	404	DL	DL		0.20	否	管外顶高
5	电信	405	DX	DX	3	0.20	否	管外顶高
6	工业	407	GY	GY		0.20	否	管外顶高
7	燃气	406	MQ	MQ	6	0.20	否	管外顶高
8	热力	408	RL	RL	11	0.20	否	管外顶高

图 3-55　系统参数修改界面

(2)设定比例尺。

用鼠标选取“管线测量”—“比例尺设置”菜单项，在命令行输入“500”并回车，如图 3-56 所示，比例尺就设为 1∶500。

(3)展测区地形图。

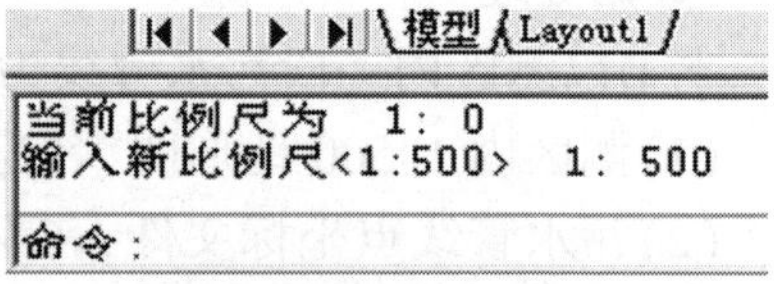

图 3-56　输入比例尺

最终生成的管线图需要附在已有地形图上，用鼠标点选“文件”—“打开”菜单项，在弹出的“选择文件”对话框中选择测区的地形图（演示文件是 examples 文件夹的 yuantu. dwg），点击“打开”，如图 3-57 所示。此时，屏幕上就展示了地形图，如图 3-58 所示，如未看到地形图，请点击标准工具栏的“ ”图标显示全图。

(4)展点。

展点就是将野外测点展到测区地形图上。用鼠标选取“管线测量”—“展点”菜单项，系统弹出如图 3-59 所示的对话框供用户选择坐标数据文件。选择 D：\examples\wsd. dat 坐标文件后，便可在屏幕上展出野外测点，如图 3-60 所示。

(5)添加管线点。

展完点之后就可以开始绘图了，首先是添加管线点。本次所用例图是污水管线，用鼠标选取“管线测量”—“各类管线点”—“污水管线点”菜单项，弹出如图 3-61 所示的对话框。

对照草图，可以看到，WS1 和 WS10 是污箅，其他是污水检修井。

图 3-57　打开测区地形图

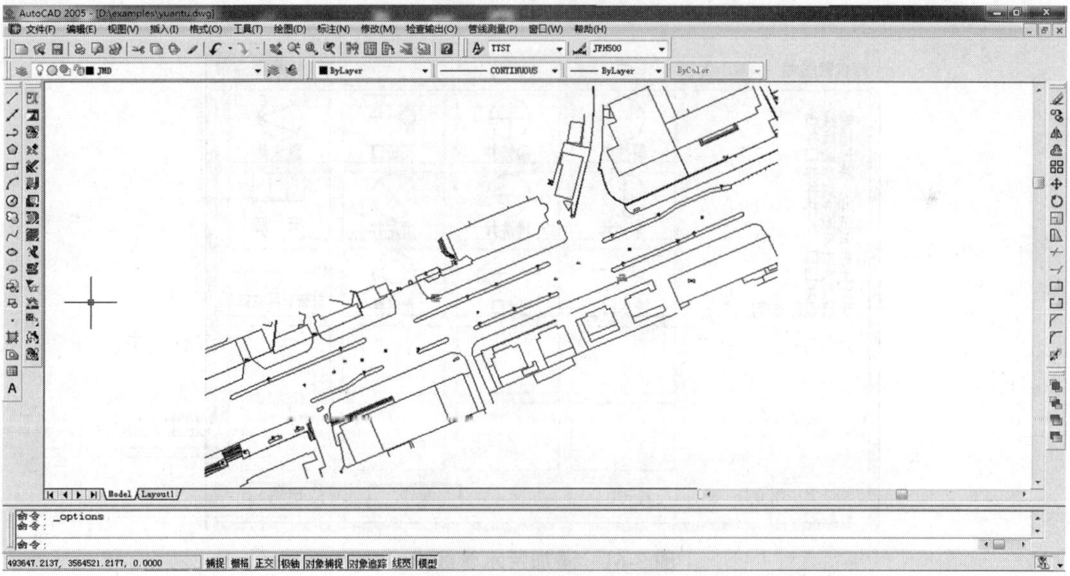

图 3-58　已有测区地形图

图 3-59　打开坐标文件

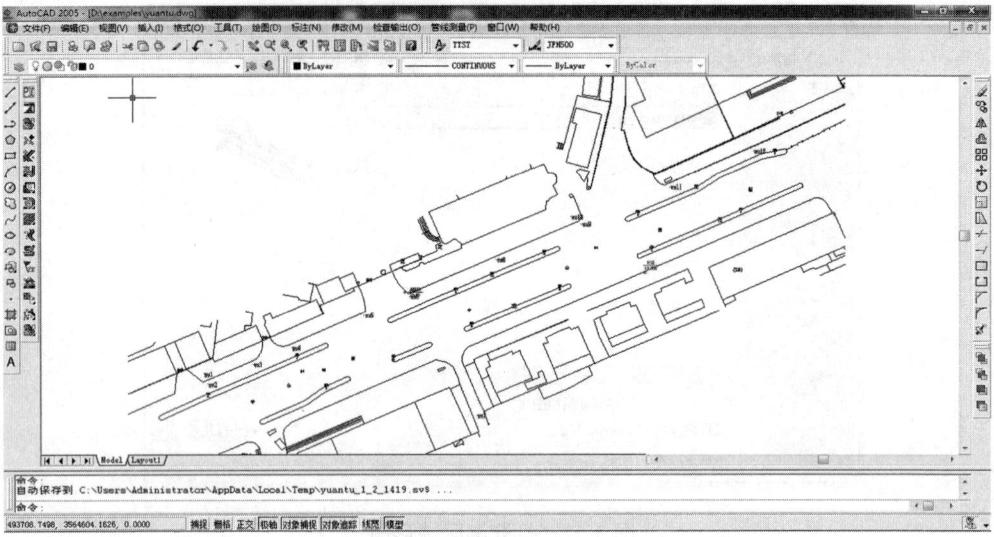

图 3-60　展点完成

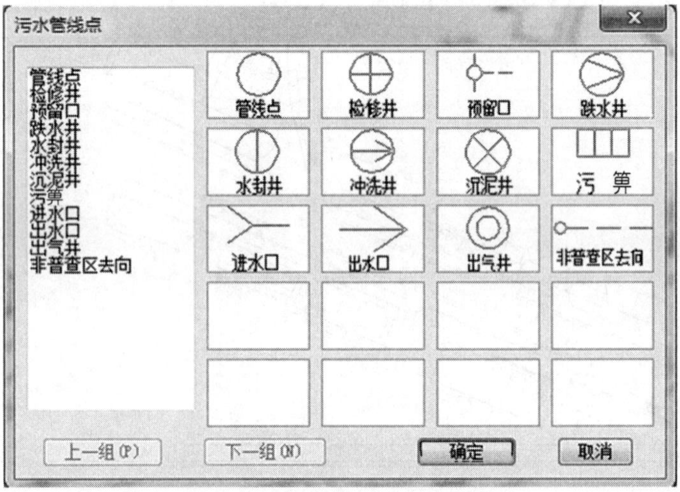

图 3-61　添加污水管线点

选中“污算”,再点击“确定”按钮,根据命令行提示操作:

请输入管点位置:打开对象捕捉,选中“节点”,捕捉测点 WS1。

请输入管点预编号<00001>:预编号是系统自动累加的,用户可以更改但不能重复,输入“1”或直接按回车键;

旋转角度:>打开对象捕捉,选中“平行”,捕捉与路边平行方向,管线点 WS1 就添加为污算,如图 3-62 所示;

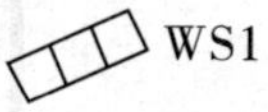

图 3-62　污算图上效果

请输入管点位置:继续添加,或回车结束命令。

继续用鼠标选取“管线测量”—“各类管线点”—“污水管线点”菜单项,弹出如图 3-61 所示的对话框,选中“检修井”,再点击确定按钮,根据命令行提示操作:

请输入管点位置:打开对象捕捉,选中“节点”,捕捉测点 WS2;

请输入管点预编号<00002>:输入“2”或直接按回车键,管线点WS2 就添加为污水检修井,如图 3-63 所示;

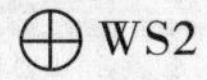

图 3-63　污水检修井图上效果

请输入管点位置:继续添加,或回车结束命令。

重复此步操作,将其他管线点添加完毕,效果如图 3-64 所示。

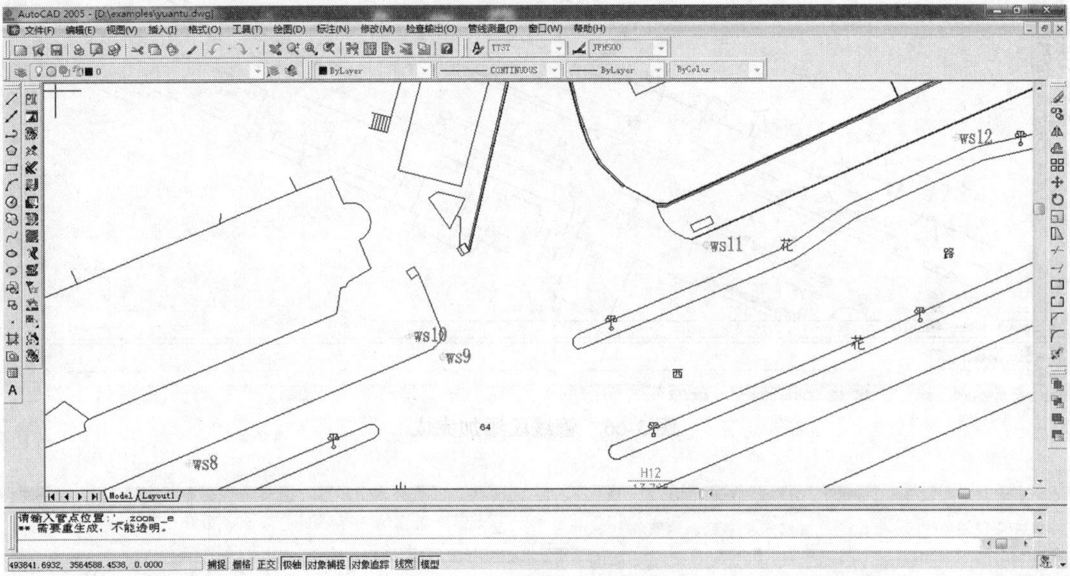

图 3-64　管线点添加完成

(6)添加管线段。

添加好管线点之后,就要连接管线点添加管线段。用鼠标选取“管线测量”—“添加管线段”菜单项,根据命令行提示操作:

选择管点:选择 WS1;

下一管点:选择 WS2。

连接后如图 3-65 所示。

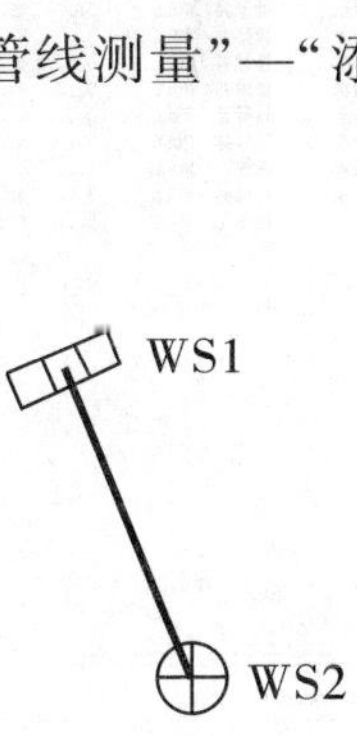

图 3-65　管线段图上效果

此时,命令行提示:

下一管点:继续选取管线点,或回车结束命令。

注意:选择的管线点必须是同一种管线类型的管线点,否则软件不予连接。添加完管线段后,如图 3-66 所示。

(7)编辑属性数据。

添加了管线点和管线段,但是管线点和管线段还没有属性数据,所以接下来就要给管线点和管线段添加上属性数据。CASSPIPE 所有的属性数据都在属性窗口进行编辑。

用鼠标选取“管线测量”—“属性窗口”菜单项,左侧弹出属性窗口,有管点属性和管线属性两个选项卡,如图 3-67 所示。

首先根据草图填写管点属性,以 WS00001 为例,需要填写的有:

“图上编号”和“附属物”已经填好,如果填错,这里还可以修改;

“管点类型”是添加管线点时确定的,添加完后就无法修改了;

“管线特征”一项提供了下拉菜单,选择“起始点”;

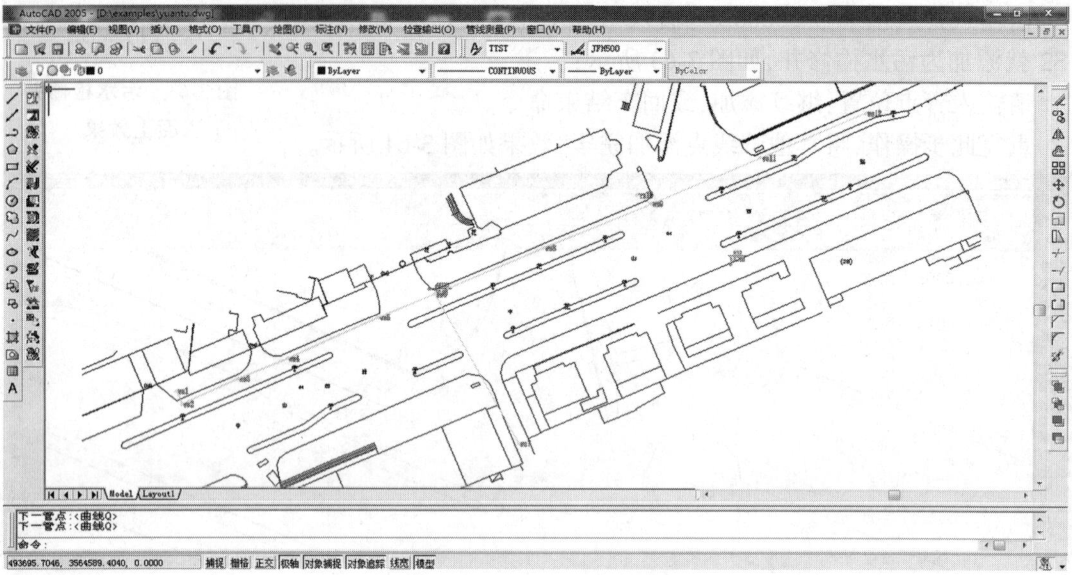

图 3-66　管线段添加完成

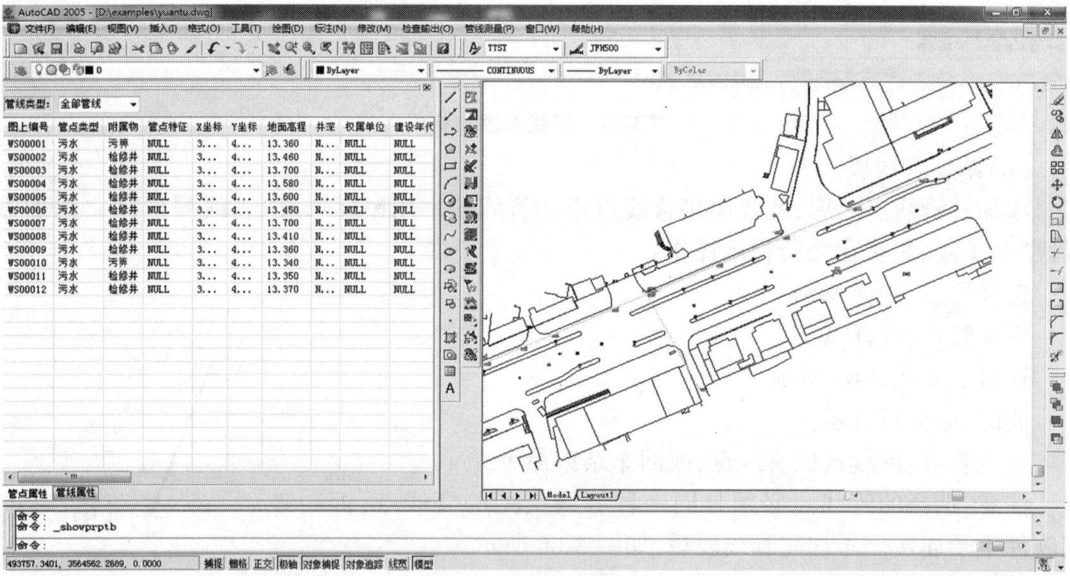

图 3-67　修改属性数据

“X 坐标”“Y 坐标”和“地面高程”是展点时从坐标文件展上的,不需要修改;

“井深”填写数字 1.10;

“权属单位”一项提供了下拉菜单,选择“郑州测绘学校”;

“建设年代”选择 1980。

其他的管点属性根据草图情况依次填好,结果如图 3-68 所示。

如果几个管线点的某一项属性内容相同,比如“建设年代”全是“1980”,可以进行批量修改:按住 Ctrl 键,选中相同的几行,继续按住 Ctrl 键,其中一行选择 1980,按回车键,这样选中的这几行的建设年代就都改为 1980 了,如图 3-69 所示。

管线类型：全部管线

图上编号	管点类型	附属物	管点特征	X坐标	Y坐标	地面高程	井深	权属单位	建设年代
WS00001	污水	污箅	起始点	3564489.28	493737.93	13.360	1.100	郑州测绘学校	1980
WS00002	污水	检修井	拐点	3564484.99	493739.72	13.460	3.000	郑州测绘学校	1980
WS00003	污水	检修井	拐点	3564493.32	493758.42	13.700	3.300	郑州测绘学校	1980
WS00004	污水	检修井	拐点	3564500.08	493774.86	13.580	3.710	郑州测绘学校	1980
WS00005	污水	检修井	拐点	3564513.67	493805.43	13.600	3.900	郑州测绘学校	1980
WS00006	污水	检修井	三通	3564521.55	493824.12	13.450	4.200	郑州测绘学校	1980
WS00007	污水	检修井	终止点	3564472.02	493851.70	13.700	5.200	郑州测绘学校	1980
WS00008	污水	检修井	拐点	3564536.86	493859.94	13.410	3.850	郑州测绘学校	1980
WS00009	污水	检修井	三通	3564551.49	493894.85	13.360	3.500	郑州测绘学校	1980
WS00010	污水	污箅	起始点	3564554.45	493890.40	13.340	1.250	郑州测绘学校	1980
WS00011	污水	检修井	拐点	3564566.89	493931.06	13.350	3.220	郑州测绘学校	1980
WS00012	污水	检修井	起始点	3564581.75	493965.75	13.370	1.970	郑州测绘学校	1980

图3-68　管点属性窗口

管线类型：全部管线

图上编号	管点类型	附属物	管点特征	X坐标	Y坐标	地面高程	井深	权属单位	建设年代
WS00001	污水	污箅	起始点	3564489.28	493737.93	13.360	1.100	郑州测绘学校	NULL
WS00002	污水	检修井	拐点	3564484.99	493739.72	13.460	3.000	郑州测绘学校	
WS00003	污水	检修井	拐点	3564493.32	493758.42	13.700	3.300	郑州测绘学校	
WS00004	污水	检修井	拐点	3564500.08	493774.86	13.580	3.710	郑州测绘学校	
WS00005	污水	检修井	拐点	3564513.67	493805.43	13.600	3.900	郑州测绘学校	
WS00006	污水	检修井	三通	3564521.55	493824.12	13.450	4.200	郑州测绘学校	
WS00007	污水	检修井	终止点	3564472.02	493851.70	13.700	5.200	郑州测绘学校	
WS00008	污水	检修井	拐点	3564536.86	493859.94	13.410	3.850	郑州测绘学校	
WS00009	污水	检修井	三通	3564551.49	493894.85	13.360	3.500	郑州测绘学校	
WS00010	污水	污箅	起始点	3564554.45	493890.40	13.340	1.250	郑州测绘学校	
WS00011	污水	检修井	拐点	3564566.89	493931.06	13.350	3.220	郑州测绘学校	NULL
WS00012	污水	检修井	起始点	3564581.75	493965.75	13.370	1.970	郑州测绘学校	NULL

1980 1981 1982 1983 1984 1985 1986 1987 1988 1989 1990

图3-69　批量修改属性

管点属性填写完后，填写管线属性，以WS00001到WS00002为例，需要填写的有：

"起始点号""终止点号"和"管线类型"这三项无法修改。

"第一管径""第二管径"：单位是毫米(mm)，如果是圆管，第一管径表示直径，第二管径取0；如果是方管，第一管径表示宽度，第二管径表示高度。此处第一管径填200，第二管径填0。

"起始埋深""终止埋深"：据草图填写，此处起始埋深1.00，终止埋深1.70。

"起始管顶底"：此项不需要填写，填写完起始埋深后，软件会根据管线点的高程自动计算起始管顶底，当然污水管线是要求测量到管底的，此处即为起始管底的高程。

"终止管顶底"：同起始管顶底，根据终止埋深计算出的。

"管线材料"：提供了下拉菜单，选择"砼"。

"管线坡度"和"管线长度"：软件自动计算。

"埋设方式"：提供了下拉菜单，选择"直埋"。

"权属单位""建设年代"：同管点特性。

其他的管线属性根据草图情况依次填好，结果如图3-70所示。

管点属性和管线属性全部填写完毕之后，需要对数据进行检查，以确保管线的探查、测量、数据输入过程无误才能输出。软件的"检查输出"菜单(见图3-52)提供了一系列的检查项目。

(1)用鼠标选取"检查输出"—"属性值计算"菜单项，弹出窗口如图3-71所示，点击"确定"，软件会对自动生成的属性字段进行检查。

管线类型：全部管线

起始点号	终止点号	管..	第一管径	第.	起始埋深	终止埋深	起始管顶底	终止管顶底	管线材料	管线坡度	管线长度	埋设方式	权属单位	建设年代
WS00001	WS00002	污水	200.00	0.0	1.000	1.700	12.360	11.760	砼	21.51	4.651	直埋	郑州测绘学校	1980
WS00002	WS00003	污水	400.00	0.0	2.900	3.000	10.560	10.700	砼	11.73	20.470	直埋	郑州测绘学校	1980
WS00003	WS00004	污水	400.00	0.0	3.200	3.500	10.500	10.080	砼	6.75	17.777	直埋	郑州测绘学校	1980
WS00004	WS00005	污水	400.00	0.0	3.610	3.750	9.970	9.850	砼	0.60	33.449	直埋	郑州测绘学校	1980
WS00005	WS00006	污水	400.00	0.0	3.800	3.980	9.800	9.470	砼	7.39	20.290	直埋	郑州测绘学校	1980
WS00006	WS00007	污水	400.00	0.0	4.100	5.100	9.350	8.600	砼	4.41	56.687	直埋	郑州测绘学校	1980
WS00012	WS00011	污水	400.00	0.0	2.870	3.000	10.500	10.350	砼	0.53	37.738	直埋	郑州测绘学校	1980
WS00011	WS00009	污水	400.00	0.0	3.120	3.250	10.230	10.110	砼	0.25	39.344	直埋	郑州测绘学校	1980
WS00009	WS00008	污水	400.00	0.0	3.400	3.700	9.960	9.710	砼	1.32	37.858	直埋	郑州测绘学校	1980
WS00008	WS00006	污水	400.00	0.0	3.750	3.970	9.660	9.480	砼	1.03	38.950	直埋	郑州测绘学校	1980
WS00010	WS00009	污水	400.00	0.0	1.150	1.650	12.190	11.710	铸铁	3.74	5.349	直埋	郑州测绘学校	1980

图 3-70　管线属性窗口

(2)排水(污水、雨水)管线属于自流管线,应该从高处往低处流,实际测量中可能由于探查、测量出现粗差,或数据输错,造成倒流,所以需要对此项进行检查。

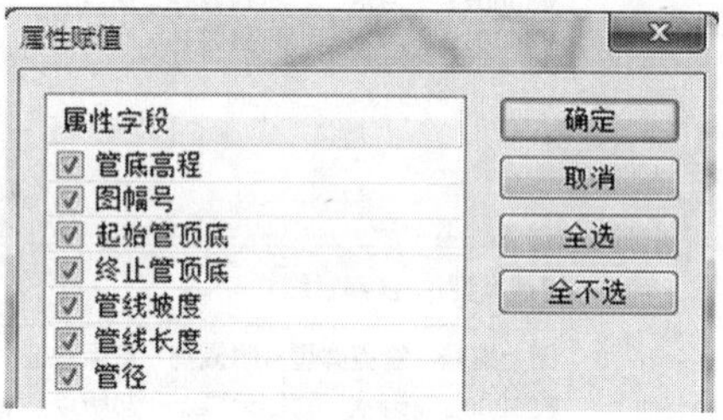

图 3-71　属性字段检查

用鼠标选取“检查输出”—“雨污水倒流情况检查”菜单项,弹出窗口如图 3-72 所示,输入容差值(根据项目要求规定,此处选择默认值 0.3 m),点击“检查”,软件会对自动生成的属性字段进行检查,如有错误,软件会出现信息提示哪段管线倒流,这时需要核对草图是否输错,如没错,就要到实地核查管线探测成果;如没有错误,会出现图 3-73 所示的提示框。

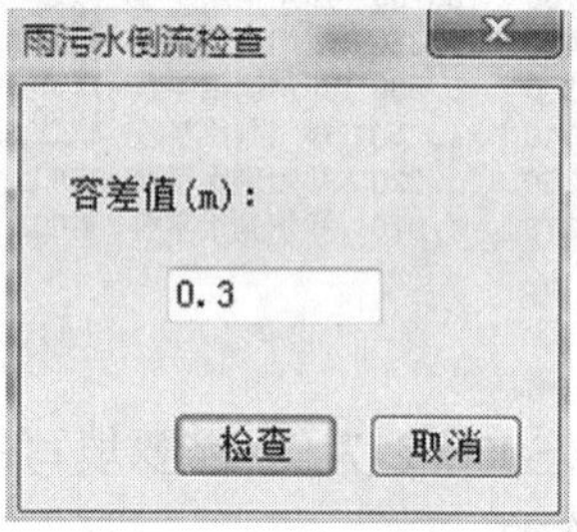

图 3-72　输入容差值

图 3-73　检查通过

(3)《城市地下管线探测技术规程》(CJJ 61—2003)规定:对于厂区或住宅小区管线探测,无特征点的管线段上,按相应比例尺设置管线点,管线点在地形图上的间距应小于或等于 10 cm。

此例绘制 1:500 管线图,故实地管线点间距应小于或等于 50 m,需要对此项进行检查。

用鼠标选取“检查输出”—“超长管线检查”菜单项,命令行提示:

请输入管线长度默认值:<75>

默认值“75”,输入“50”,回车,出现提示信息如图 3-74 所示,表明有一条管线超过 50 m,双击提示信息,绘图区会选中超长的管线,如图 3-75 所示,这时需要到实地在 WS6 和 WS7 之间增加管线点;如无超长管线,会出现“检查没有错误”提示框。

序号	描述	类型	创建时间
1	发现一条超长管线,长度为:56.691076 m		2014-7-18 17:40:...

图 3-74　超长管线提示信息

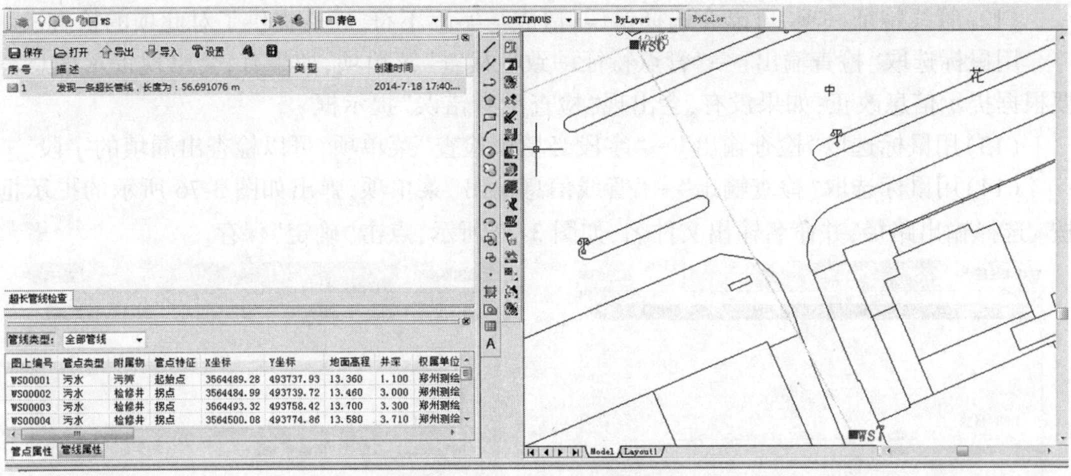

图 3-75　**超长管线位置**

(4)在添加管线点或管线段时，可能由于对象捕捉没有捕捉到，造成一个测量点附近添加了两个管线点的情况，软件的极短线检查可以对此项进行检查。

用鼠标选取“检查输出”—“极短线检查”菜单项，命令行提示：

请输入极短线长度默认值:<0.1>

默认 0.1，回车，如有极短线，会出现提示信息，需要检查处理；如无极短线，会出现“检查没有错误”提示框。

(5)用鼠标选取“检查输出”—“管点一致性检查”菜单项，软件会自动对管点属性的一致性进行检查。

(6)用鼠标选取“检查输出”—“管线一致性检查”菜单项，软件会自动对管线属性的一致性进行检查。

(7)用鼠标选取“检查输出”—“管线与管点一致性检查”菜单项，软件会自动对管线与管点属性的一致性进行检查。

(8)在添加管点和管线的过程中，有时候因为疏忽会造成重复，这样在统计管点、管线数量时会出错，因此需对此项进行检查。

用鼠标选取“检查输出”—“重复管点线检查”菜单项，如果有，会出现提示信息，需要根据提示信息改正；如果没有，会出现“检查没有错误”提示框。

(9)在添加管线时，可能会造成遗漏，形成孤立管点，需对此项进行检查。

用鼠标选取“检查输出”—“孤立管点检查”菜单项，如果有，会出现提示信息，需要根据提示信息改正；如果没有，会出现“检查没有错误”提示框。

(10)用鼠标选取“检查输出”—“管线子类一致性检查”菜单项，软件会自动对管线的子类(比如燃气管线下的子类有煤气、天然气、液化石油气)的一致性进行检查。

(11)测区的管点高程是有一定的范围的，可以根据实际情况设置一个最小高程和最大高程，认为在这个范围之外的是测错的，这样可以在一定程度上排除管点高程的粗差。

用鼠标选取“检查输出”—“管点高程的粗差检测”菜单项，命令行提示：

请输入最小高程默认值:<0>:按照工程规范要求输入，此处按默认值；

请输入最小高程默认值:<100>:按照工程规范要求输入，此处按默认值。

(12)管线特征一项,可能会选择错误,造成与实际不符,软件提供了对此项的检查。

用鼠标选取"检查输出"—"管点特征一致性检查"菜单项,如果有,会出现提示信息,需要根据提示信息改正;如果没有,会出现"检查没有错误"提示框。

(13)用鼠标选取"检查输出"—"字段必填项检查"菜单项,可以检查出漏填的字段。

(14)用鼠标选取"检查输出"—"管线信息输出"菜单项,弹出如图 3-76 所示的提示框,按…选择输出路径,并命名输出文件名,如图 3-77 所示,点击"确定"保存。

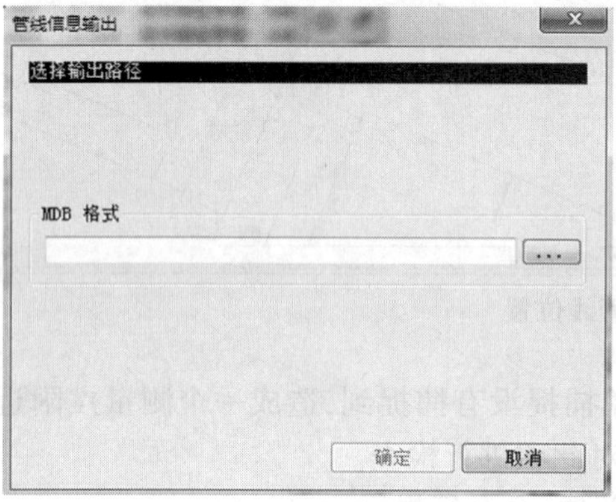

图 3-76 管线信息输出

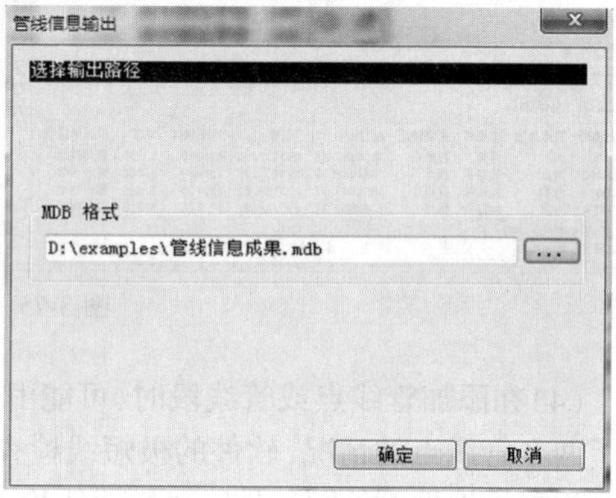

图 3-77 保存文件

此时就输出 mdb 格式的数据库文件,是提交的主要成果之一。

此数据库文件可以用 Access 等数据库软件直接打开,如图 3-78 所示,管点数据(见图 3-79)和管线数据(见图 3-80)会以表单的形式生成。

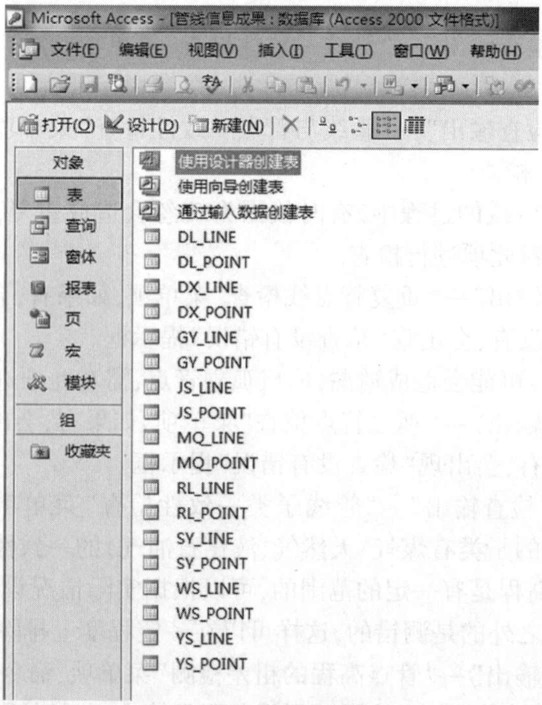

图 3-78 数据库文件

点号	预编号	图上编号	管点类型	附属物	管点特征	X坐标	Y坐标	地面高程	井深	权属单位	建设年代
WS_939_45_00012	00012	WS00012	污水	检修井	起始点	3564581.75	493965.75	13.37	1.97	郑州测绘学校	1980
WS_939_45_00011	00011	WS00011	污水	检修井	拐点	3564566.89	493931.061	13.35	3.22	郑州测绘学校	1980
WS_938_45_00010	00010	WS00010	污水	污箅	起始点	3564554.449	493890.395	13.34	1.25	郑州测绘学校	1980
WS_938_45_00009	00009	WS00009	污水	检修井	三通	3564551.494	493894.854	13.36	3.5	郑州测绘学校	1980
WS_938_45_00008	00008	WS00008	污水	检修井	拐点	3564536.859	493859.939	13.41	3.85	郑州测绘学校	1980
WS_938_44_00007	00007	WS00007	污水	检修井	终止点	3564472.023	493851.701	13.7	5.2	郑州测绘学校	1980
WS_938_45_00006	00006	WS00006	污水	检修井	三通	3564521.549	493824.124	13.45	4.2	郑州测绘学校	1980
WS_938_45_00005	00005	WS00005	污水	检修井	拐点	3564513.668	493805.428	13.6	3.9	郑州测绘学校	1980
WS_937_45_00004	00004	WS00004	污水	检修井	拐点	3564500.075	493774.865	13.58	3.71	郑州测绘学校	1980
WS_937_44_00003	00003	WS00003	污水	检修井	拐点	3564493.321	493758.421	13.7	3.3	郑州测绘学校	1980
WS_937_44_00002	00002	WS00002	污水	检修井	拐点	3564484.99	493739.725	13.46	3	郑州测绘学校	1980
WS_937_44_00001	00001	WS00001	污水	污箅	起始点	3564489.278	493737.927	13.36	1.1	郑州测绘学校	1980

图 3-79　管点数据

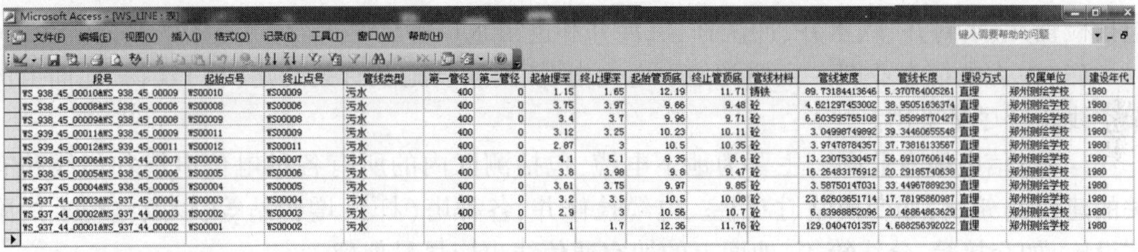

段号	起始点号	终止点号	管线类型	第一管径	第二管径	起始埋深	终止埋深	起始管顶底	终止管顶底	管线材料	管线坡度	管线长度	埋设方式	权属单位	建设年代
WS_938_45_00010&WS_938_45_00009	WS00010	WS00009	污水	400	0	1.15	1.65	12.19	11.71	铸铁	89.73184413646	5.370764005261	直埋	郑州测绘学校	1980
WS_938_45_00008&WS_938_45_00006	WS00008	WS00006	污水	400	0	3.75	3.97	9.66	9.48	砼	4.621297453002	38.95051636374	直埋	郑州测绘学校	1980
WS_938_45_00009&WS_938_45_00008	WS00009	WS00008	污水	400	0	3.4	3.7	9.96	9.71	砼	6.603595765108	37.85698770427	直埋	郑州测绘学校	1980
WS_939_45_00011&WS_938_45_00009	WS00011	WS00009	污水	400	0	3.12	3.25	10.23	10.11	砼	3.04998749892	39.34460655548	直埋	郑州测绘学校	1980
WS_939_45_00012&WS_939_45_00011	WS00012	WS00011	污水	400	0	2.87	3	10.5	10.35	砼	3.97478784357	37.73816133567	直埋	郑州测绘学校	1980
WS_938_45_00006&WS_938_44_00007	WS00006	WS00007	污水	400	0	4.1	5.1	9.35	8.6	砼	13.23075330457	56.69107606146	直埋	郑州测绘学校	1980
WS_938_45_00005&WS_938_45_00006	WS00005	WS00006	污水	400	0	3.8	3.98	9.8	9.47	砼	16.26483176912	20.29185740638	直埋	郑州测绘学校	1980
WS_937_45_00004&WS_938_45_00005	WS00004	WS00005	污水	400	0	3.61	3.75	9.97	9.85	砼	3.58750147031	33.44967889230	直埋	郑州测绘学校	1980
WS_937_44_00003&WS_937_45_00004	WS00003	WS00004	污水	400	0	3.2	3.5	10.5	10.08	砼	23.62603651714	17.78195860987	直埋	郑州测绘学校	1980
WS_937_44_00002&WS_937_44_00003	WS00002	WS00003	污水	400	0	2.9	3	10.56	10.7	砼	6.83988852096	20.46864863629	直埋	郑州测绘学校	1980
WS_937_44_00001&WS_937_44_00002	WS00001	WS00002	污水	200	0	1	1.7	12.36	11.76	砼	129.0404701357	4.668256392022	直埋	郑州测绘学校	1980

图 3-80　管线数据

任务5　地下管线图编绘

【任务目的】

使学生掌握各种管线图的编绘方法,能够进行地下管线图编绘。

【任务分析】

地下管线图编绘是在地下管线数据处理工作完成并经检验合格的基础上,利用计算机编绘成图,是管线探测任务的主要成果之一。

【任务要求】

(1)掌握专业管线图编绘方法。

(2)掌握综合管线图编绘方法。

(3)掌握管线断面图编绘方法。

(4)掌握地下管线图编绘的检验方法。

【任务准备】

(1)仪器准备:计算机(装有管线成图软件)、多媒体设备等,能够保证正常工作使用。

(2)人员准备:按照实习任务,事先分好小组,轮流操作。

(3)记录准备:准备笔记本、笔等学习用具。

【任务实施】

地下管线图编绘按以下几个方面进行:①专业地下管线图编绘;②综合地下管线图编绘;③管线断面图编绘;④地下管线图编绘检验。

1　专业地下管线图编绘

专业管线图只表示一种管线及与管线有关的地面建(构)筑物、地物、地形和附属设施。专业管线图的编绘宜一种专业一张图,也可按相近专业组合一张图。

采用计算机编绘成图时,专业管线图应根据专业管线图形数据文件与城市基本地形图的图形数据文件叠加、编辑成图。不同专业管线图的编绘内容也不尽相同,有以下几种:

(1)给水管道专业图。主要是进行市政公用管道探测区给水管道专业图的编绘。城市给水管道系统可分为水源地、干管道、支干管道和支管道。在市政公用管道探测区,主要编绘干管道及建(构)筑物和附属设施,支干管道至入户(工厂、小区、企事业单位用水区);在工厂、居住小区等管道探测区,主要编绘从城市接水点开始至工厂、小区内的给水管道系统;施工区和专业管道探测区,编绘内容要根据工程规划、设计和施工的具体要求确定。

(2)排水管道专业图。一是排水管道,包括主干道、支干道和支管道;二是排水管道上有关的建(构)筑物,包括排水泵站、沉淀池、化粪池和净化构筑物等;三是管道的附属设施,包括检查井、水封井、跌水井、冲洗井、沉淀井和进出水口等。

(3)电力电缆专业图。主要为地下电力电缆、附属设施及有关的建(构)筑物,地面上的架空线路应尽量采用。

(4)电信电缆专业图。主要为地下电缆,包括测区内的所有各种电信电缆和与线路有关的建(构)筑物,如变换站、控制室、电缆检修井、各种塔(杆)、增音站等,以及电缆上的附属设施,如交接箱、分线箱等,地面上的架空通信线也应尽量保留。

专业管线图上注记应符合下列规定:

(1)图上应注记管线点的编号。

(2)各种管道应注明管线规格和材质。

(3)电力电缆应注明电压和电缆根数。沟埋或管埋时应加注管线规格。

(4)电信电缆应注明管块规格和孔数。直埋电缆注明缆线根数。

在上节任务4中"4 数据处理"中,利用CASSPIPE完成了外业数据处理工作,并检验数据合格,现在可接着利用CASSPIPE进行专业地下管线图的编绘。

1.1 管点注记

点击"管线测量"—"注记"—"管点注记",软件会自动注记管线点编号,如图3-81所示。

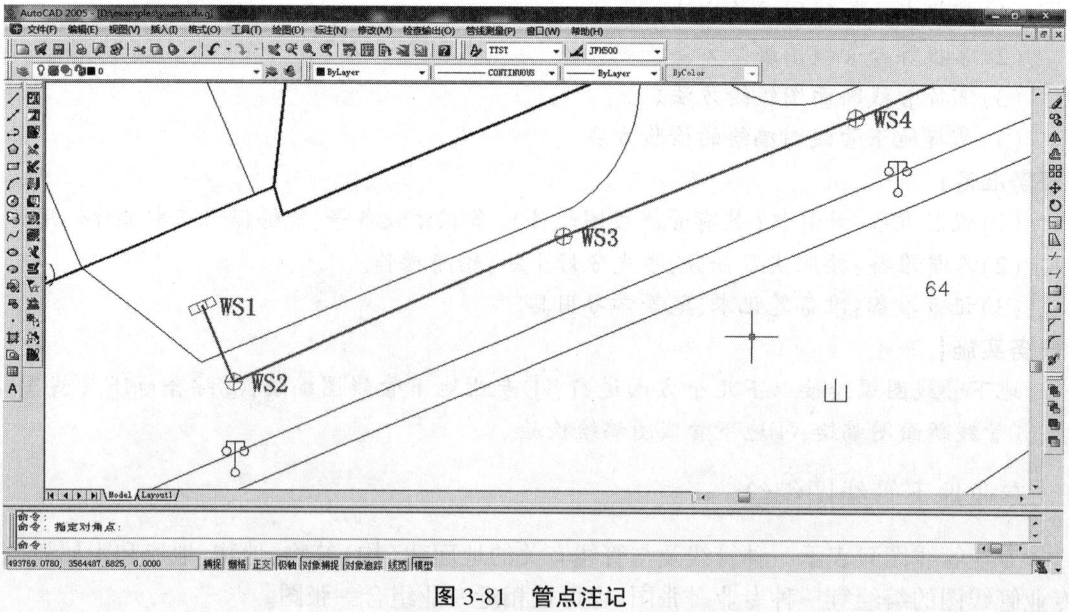

图3-81 管点注记

1.2　管线注记

点击“管线测量”—“注记”—“管线注记”，弹出对话框如图 3-82 所示，选择批量注记，软件会自动注记各条管线的种类、材料、管径等信息，如图 3-83 所示，如果有的管线未注记出来，可以再选择逐个注记或单独注记。

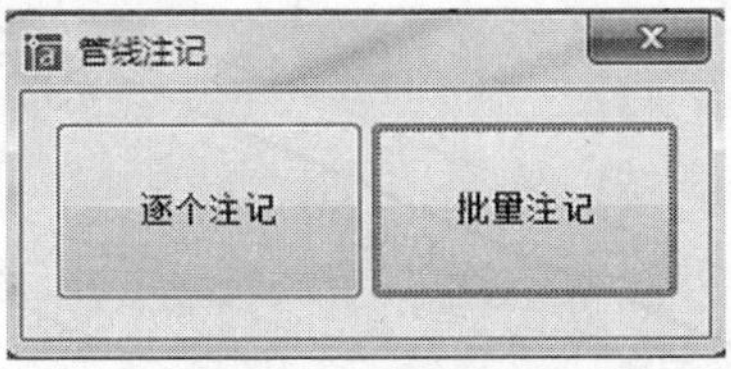

图 3-82　批量注记

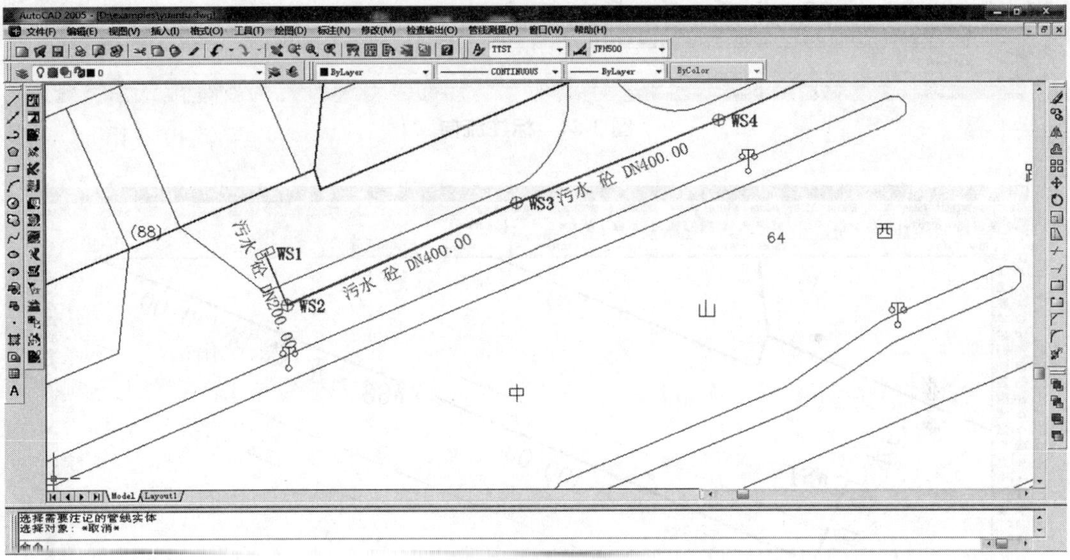

图 3-83　管线注记

1.3　标注流向

排水管线需要标注流向，点击“管线测量”—“标注流向”—“标注”，软件会自动用箭头注记各条管线的流向，如图 3-84 所示。需要注意的是，软件判断流向的时候不是根据管底高程判断的，而是根据添加管线段的顺序从起点向终点标注的，因此添加管线段时应特别注意。

1.4　管线点消隐

点击“管线测量”—“管线点消隐”—“消隐”，软件会自动把管线上与管线点符号重合的部分删掉，如图 3-85 所示，这样可以使图面看起来更美观。

1.5　图幅整饰

点击“管线测量”—“图幅整饰”—“任意图幅”，弹出如图 3-86 所示的对话框，填写图幅信息，捕捉屏幕左下角坐标，点击“确认”，生成 XX 小区污水管线图。

2　综合地下管线图编绘

综合地下管线图应表示各类地下管线、附属设施及有关地面建(构)筑物和地形特征。

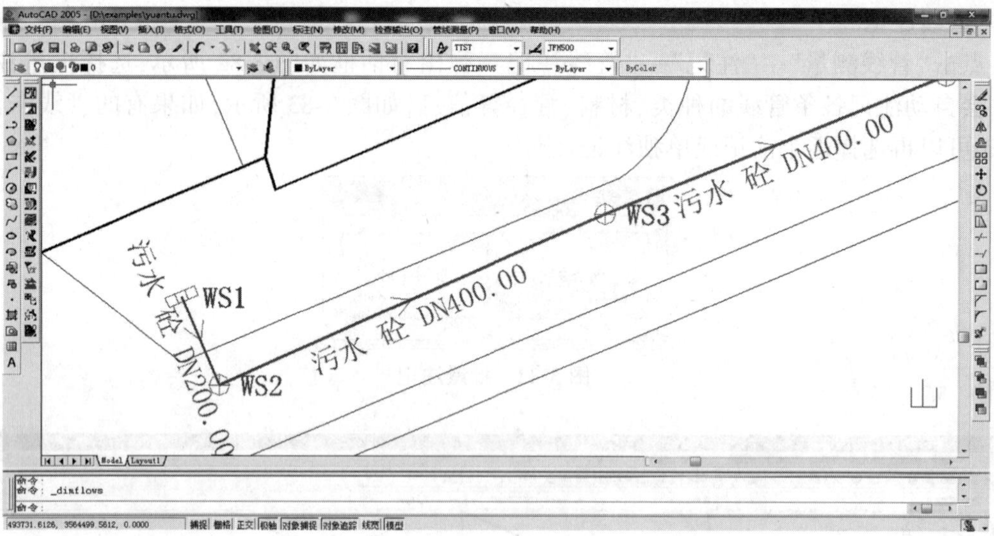

图 3-84　标注流向

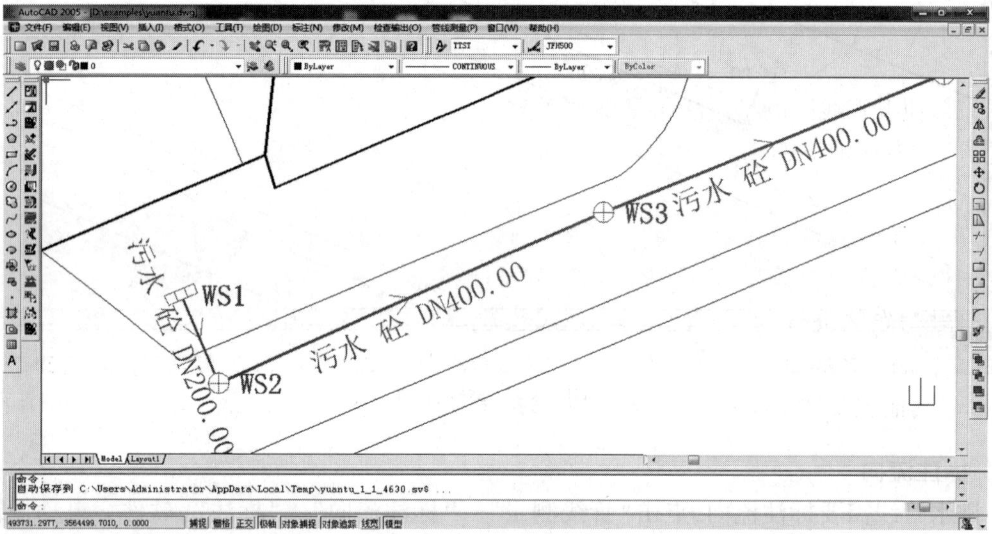

图 3-85　管线点消隐

综合地下管线图是市政建设规划、设计、管理等方面的重要图件。综合地下管线图编绘应以外业探测成果资料为依据,以保证图件编绘的完整性和准确性。编绘前应取得下列资料作为编绘参考:

(1)工作区内的大比例尺数字化地形图。

(2)经检验合格的地下管线探测及竣工测量的管线图。

(3)探测成果、外业数据、注记文件和管线点成果表。

(4)附属设施草图和管、沟剖面图。

综合管线图上的管线应以 0.2 mm 线粗进行绘制,当管线上下重叠且不能按比例绘制时,应在图内以扯旗的方式说明。扯旗线应垂直管线走向,扯旗内容应放在图内空白处或图面负载较小处。

图 3-86　图幅整饰

综合地下管线图的编绘应包括下列内容：

(1)各专业地下管线，一般只绘出干线，干线的确定可以根据具体工程情况及用途要求而定。

(2)与干线有关的管线上的地面建(构)筑物和附属设施都应绘出。

(3)地面建(构)筑物。作为地下管线图的背景图，地形层中应对能够反映地形现状的地面建(构)筑物进行表示，作为管线相应位置的参照。

(4)铁路、道路、河流、桥梁。

(5)其他主要地形特征。

综合地下管线图上注记应符合下列规定：

(1)图上应注记管线点的编号。管线图上的各种注记、说明不能重叠或压盖管线。地下管线点图上编号在本图幅内应进行排序，不允许有重复点号。

(2)各种管道应注明管线的类别代号和管线的材质、规格、管径等。

(3)电力电缆应注明管线的代号、电压。沟埋或管埋时，应加注管线规格。

(4)电信电缆应注明管线的代号、管块规格和孔数。直埋电缆注明管线代号和根数。

3　管线断面图编绘

地下管线断面图通常分为地下管线纵断面图和地下管线横断面图两种，一般只要求做出地下管线横断面图。管线横断面图应根据断面测量的成果资料编绘。

横断面图应表示的内容：地面地形变化，地面高程，管线与断面相交的地上、地下建(构)筑物，路边线，各种管线的位置及相对关系，管线高程，管线规格，管线点水平间距和断面号等。横断面图比例尺的选定应按图上不作取舍和移位能清楚表示上述内容为原则，图上应标注比例尺。横断面图实例如图 3-87 所示。

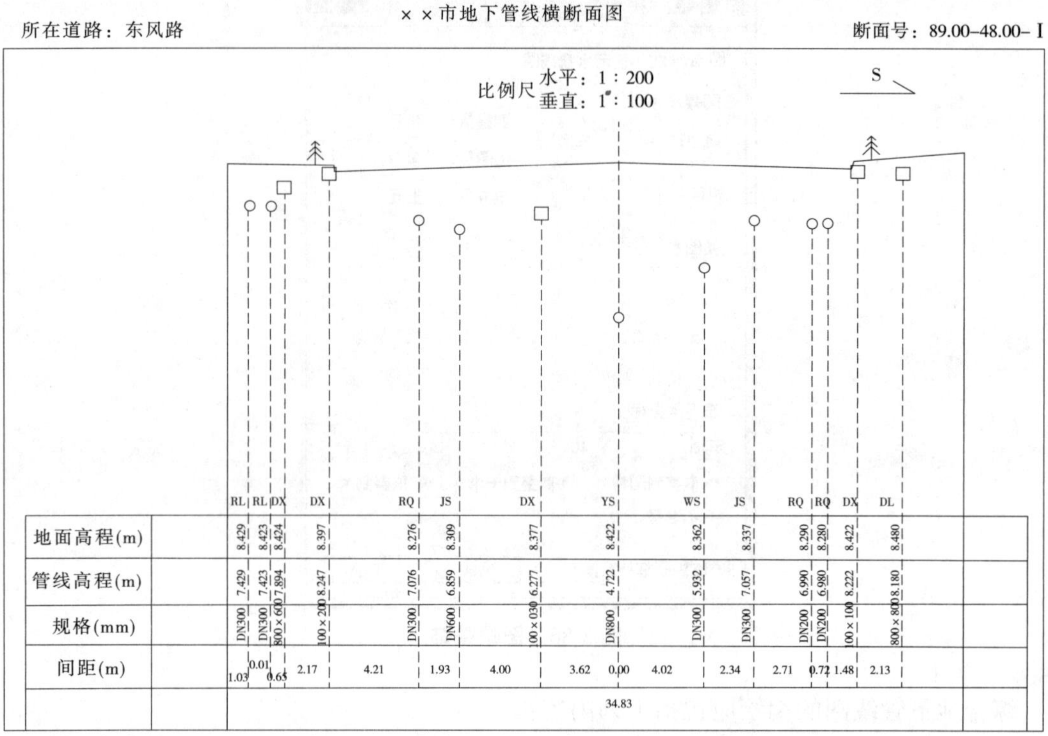

图 3-87　横断面图实例

横断面图的编号应采用城市基本地形图图幅号加罗马文顺序号表示。断面图的各种管线应以 2.5 mm 为直径的空心圆表示，直埋电力电信电缆以 1 mm 的实心圆表示，小于 1 m×1 m(不含 1 m×1 m)的管沟、方沟以 3 mm×3 mm 的正方形表示；大于 1 m×1 m(含 1 m×1 m)的管沟、方沟按实际比例表示；各种建(构)筑物、地物、地貌按实际比例绘制。

纵断面图应绘出地面线、管线、窨井与断面相交的管线，以及地上、地下建(构)筑物；标出各测点的里程桩号、地面高、管顶或管底高、管线点间距、转折点的夹角等。

4　地下管线图编绘检验

对地下管线图必须进行质量检验，主要包括过程检查和转序检验。过程检查分为作业员自检和台组互检。作业员自检时，应对自己所负责编绘的管线图和成果表进行 100% 的检查校对；台组互检时，技术负责人组织有关人员对已自检的成果资料进行全面检查，检查中发现问题填入检查登记表，对需要修改的问题应及时通知作业施工人员改正。转序检验应由授权的质量检查人员进行，转序检验的检查量应为图幅总数的 30%。

地下管线图的质量检验应符合下列规定：

(1)管线没有遗漏。

(2)管线没有连接错误。

(3)各种图例符号和文字、数字注记没有错误。

(4)图幅接边没有遗漏和错误。

(5)图廓整饰应符合要求。

任务6　成果提交和验收

【任务目的】

使学生掌握技术总结报告的内容和成果验收的方法。

【任务分析】

编写技术总结报告和成果验收是管线探测程序的最后一个内容,只有完成这一步,管线探测任务才圆满完成。

【任务要求】

(1)掌握技术总结报告的内容。

(2)了解探测成果的内容。

(3)了解验收合格的探测成果应符合的要求。

【任务准备】

(1)仪器准备:计算机、多媒体设备等,能够保证正常工作使用。

(2)人员准备:按照实习任务,事先分好小组,轮流操作。

(3)记录准备:准备笔记本、笔等学习用具。

【任务实施】

地下管线图编绘按以下几个方面进行:①成果提交;②成果验收。

1　成果提交

经过监理单位和业主的各种检查,编写技术总结报告和成果整理,最终提交成果资料。技术总结报告的内容包括:

(1)工程概况:工程的依据、目的和要求,工程的地理位置、地球物理和地形条件,开竣工日期,实际完成的工作量。

(2)技术措施:各工序作业的标准依据,坐标和高程的起算依据,采用的仪器和技术方法。

(3)应说明的问题及处理措施。

(4)质量评定:各工序质量检查与评定结果。

(5)结论与建议。

(6)提交的成果。

(7)附图与附表。

注:小型工程的报告书可以从简。

2　成果验收

提交的探测成果应包括下列内容:

(1)工作依据文件:任务书或合同书、技术设计书。

(2)工程凭证资料:所利用的已有成果资料、坐标和高程的起算数据文件以及仪器的检验、校准记录。

(3)探测原始记录:探查草图、管线点探查记录表、控制点和管线点的观测记录和计算资料、各种检查和开挖验证记录及权属单位审图记录等。

(4)作业单位质量检查报告及精度统计表、质量评价表,监理单位监理报告、监理记录、精度统计表、质量评价表。

(5)成果资料:综合管线图、各种专业管线图、管线断面图、控制点成果、管线点成果表及管线图形和属性数据文件。

(6)地下管线信息系统软件。

(7)地下管线探测报告书和地下管线信息管理系统报告书。

验收合格的探测成果应符合下列要求:

(1)探测单位提交的成果资料应齐全。

(2)探测的技术措施应符合本规程和经批准的技术设计书的要求,重要技术方案变动应提供充分的论证说明材料,并经任务委托单位批准。

(3)所利用的已有成果资料应有资料提供单位出具的证明材料和监理机构的确认。

(4)各项探测的原始记录、计算资料和起算数据的引用均应履行过检查审核程序,有抄录或记录、检查、审核者签名。

(5)各种仪器检验和校准记录、各项质量检查记录齐全,发现的问题已作出处理和改正。

(6)各种专业管线图、综合管线图、断面图均应由作业人员和专业人员进行室内图面检查、实地对照检查和仪器检查、开挖验证,并符合质量要求。

(7)由计算机介入和产生的探测成果,其数据格式应符合地下管线信息管理系统的要求,图形和属性数据文件的数据应与提交的相应成果一致。

(8)地下管线探测报告书内容齐全,能反映工程的全貌,结论正确,建议合理可行。

(9)成果资料组卷装订应符合城建档案管理的要求。

(10)地下管线信息管理系统应达到预期的设计要求。

验收后应提出验收报告书,验收报告书应包括下列内容:

(1)验收目的。

(2)验收组织:组织验收部门、参加单位、验收组成员。

(3)验收时间及地点。

(4)成果验收概况。

(5)发现的问题及处理意见。

(6)验收结论。

(7)验收组成员签名表。

习　题

1. 简述城市地下管线探测的基本程序。
2. 简述公开招标的流程。
3. 简述管线探测合同书应包含的内容。
4. 资料收集的内容有哪些?
5. 在探测前,如何进行仪器的检验?

6. 简述技术设计书应包含的内容。
7. 简述各类管线的探查方法。
8. 实地探查用到的工具和材料有哪些？
9. 管线外业草图包括哪些要素？
10. 简述管线探测仪的工作原理。
11. 简述探地雷达的工作原理。
12. RD8000 管线探测仪的组成有哪些？如何进行设置及操作？
13. GSSI 探地雷达的组成有哪些？如何进行设置及操作？
14. 简述 RADAN7 软件数据处理操作步骤。
15. 简述地下管线平面控制测量的作业方法。
16. 简述地下管线高程控制测量的作业方法。
17. 地下管线点测量有哪些测量方法？测量的任务是什么？
18. 对地下管线测量成果的质量检验有哪些要求？
19. 简述掌握南方管线成图软件数据处理的操作步骤。
20. 常见的管线成图软件有哪些？
21. 地下管线图的种类？
22. 综合地下管线图的编绘应包括哪些内容？
23. 横断面图应表示的内容有哪些？
24. 地下管线图的质量检验应符合哪些规定？
25. 技术总结报告包括哪些内容？
26. 验收合格的探测成果应符合哪些要求？

项目 4　地下管线信息管理系统的设计与开发

【项目导航】

重点：

管线信息系统的相关理论知识；管线信息系统的基本功能；地下管线信息系统的数据库设计流程；空间数据的基本特征；空间数据库模型的种类；地下管线信息系统开发的几种模式；常见的管线数据模型；水力计算的含义；动态分段技术的含义；管线三维可视化的含义；地下管线信息系统建立的基本过程；数据库管理软件的基本要求；数据库管理软件更新的要求。

难点：

管线信息系统的整体结构和数据标准；地下管线信息系统的数据库设计流程；组件式GIS；深度优先算法解决管网事故的过程；管线信息系统实例。

任务：

掌握地下管线信息系统的相关理论知识；掌握地下管线信息系统设计的基本原则；掌握地下管线信息系统设计的整体结构；掌握地下管线信息系统的数据标准；掌握地下管线信息系统的基本功能；掌握地下管线信息系统的数据库设计流程；掌握空间数据的基本特征；掌握空间数据库模型的种类；掌握地下管线信息系统开发的几种模式；了解组件式 GIS；了解常见的 GIS 开发平台；掌握常见的管线数据模型；掌握水力计算的含义；了解深度优先算法解决管网事故的过程；掌握动态分段技术的含义；掌握管线三维可视化的含义；掌握地下管线信息系统建立的基本过程；掌握数据库管理软件的基本要求；掌握数据库管理软件更新的要求；提高对知识的学习欲望，培养独立思考、团队合作的能力。

流程：

管线信息系统设计的流程如图 4-1 所示。

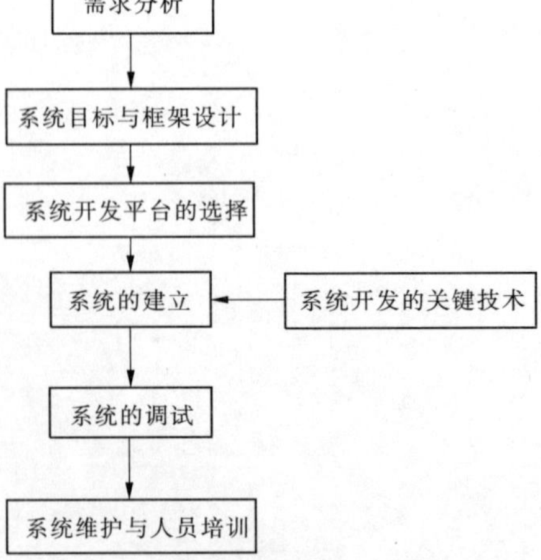

图 4-1　管线信息系统设计的流程

任务1　系统整体设计与数据标准

【任务目的】

使学生掌握地下管线信息系统的整体设计与数据标准。

【任务分析】

管线信息系统建设是管线信息化建设的表现形式,从前期需求分析到系统建设,比较烦琐,需要前期做一个整体设计,为了便于数据共享,还要统一数据标准。

系统的功能设计是根据用户的需求分析设计出来的,系统的基本功能需要先做设计,然后进行开发,对于管线信息系统,需要有哪些基本功能是功能设计要考虑的问题。

【任务要求】

(1)掌握地下管线信息系统的相关理论知识。

(2)掌握地下管线信息系统设计的基本原则。

(3)掌握地下管线信息系统设计的整体结构。

(4)掌握地下管线信息系统的数据标准。

(5)掌握地下管线信息系统的基本功能。

【任务准备】

(1)仪器准备:计算机、多媒体设备等,能够保证正常工作使用。

(2)人员准备:按照实习任务,事先分好小组,轮流操作。

(3)记录准备:准备笔记本、笔等学习用具。

【任务实施】

系统整体设计与数据标准按以下几个方面进行:①基础理论;②系统设计的基本原则与整体结构;③数据标准;④系统的基本功能。

1　基础理论

1.1　地理信息系统

地理信息系统(GIS)是指在计算机软硬件的支持下,对整个或部分地球表面(包括大气层)空间的地理空间数据进行预处理、输入、存储、查询、检索、处理、分析、显示、更新和提供应用等的计算机技术系统。

地理信息系统是管理和研究空间数据的技术系统。对地球表面的空间地理数据进行挖掘,对数据(包括地理实体的空间数据和属性数据)进行有效管理,研究各种地理实体及相互关系,通过对多种地理要素的综合分析,迅速地获取满足应用需要的信息,并以地图、图形或数据的形式表示处理的结果。

1.2　地下管线信息系统

地下管线信息系统是在计算机硬件、软件、网络支持下,对城市地下管线信息进行管理、分析处理和提供应用的技术系统,是城市实行现代化管理的一种先进工具。

1.3　地下管线信息系统与 GIS 的关系

地下管线涉及城市供水、电力等相关的职能部门,地下管线信息系统的建立,也往往是几个职能部门以各自成熟运行的专业(或专题)与 GIS 以一定方式集成为一体。主要研究对象为城市地下管线信息，研究地下管线的空间定位。

地下管线信息系统就是在 GIS 基础上开发出来的综合性系统，它与 GIS 系统一样都包含数据采集、数据编辑、数据存储管理、查询与空间分析五个部分。

城市地下管线信息系统是城市地理信息系统（UGIS）的重要组成部分，是 GIS 在城市管理中的现实应用，是对 GIS 的发展和延伸。

1.4　地下管线信息系统的特点

城市地下管线信息系统的功能定位应能快速提供现势性强、真实准确的地下管线信息，并能实现快速查询、综合分析、辅助设计等操作，从而为城市的发展预测、规划决策等提供可靠的依据。这一功能定位决定了它不同于一个单纯的 MIS（信息管理系统）、DSS（决策支持系统）、OA（办公自动化系统）等，它是各系统的综合运用，不仅应用于城市管线的日常管理工作，还可以进行城市规划的辅助设计等管理工作。

根据对城市地下管线信息系统的功能要求，结合我国的管线实际情况，可归纳出该系统具有如下特征：

（1）有效地实现对空间数据（管线图形数据）和非空间数据（属性数据）这两种不同性质数据的操作和管理。这是地理信息系统的一个显著特征，也是地下管线信息系统功能分析的基础。

（2）点线相连，有机结合。各种地下管线不同的井位与地面相联系，如给水管道通过检修井、各种水表、阀门与地面建立关联。在地下管网 GIS 中，它们以不同的地理特征表达，以 MapObjects 平台为例，管线用线（line）表示，井位用点（Point）表示，且以不同的图层来区别；而 ARC/INFO 中管线可用弧表示，井位用结点表示，以不同的编码来区别。不论用何种方式，都须构成点、线结合的整体，形成管网的数据结构，管线的这种连接特征，是设计数据结构的依据。

（3）数据量大，内容繁杂。地下管线信息系统研究对象为城市地下管线空间信息，而任何城市的地下管线都包括电力、通信、燃气、热力、给水、排水、工业及各种其他管道。在归属上，它们隶属于不同的专业部门管理、建设和维修，但在建立信息系统时，又需要将它们整合为一个整体。加上我国相当多的职能部门"各自为战"，数据标准不统一，需要整合和处理的数据量相当大；另一方面，城市地下管线敷设于地下，信息系统对这些空间特征的表示，甚至比常规地形特征描述更为复杂。

（4）地下管网信息系统应具备完善的安全保密管理措施。地下管网信息系统所涉及的基础地图信息和各种管网信息的比例尺大、覆盖面广，信息量大、信息敏感度高，必须做好安全保密工作，主要有以下几个方面：①基础信息的保密，严防非法拷贝、复制，严禁泄露；②系统应建立严格的防病毒、防非法入侵的措施；③系统内部建立严格的使用权限管理，防止越权管理。

1.5　我国管线信息系统发展的历史

城市地下管线是城市经济活动和人民生活的命脉，不同时期地下管线信息的管理有阶段性的特点：

（1）20 世纪 80 年代前，管线的存储主要以纸质资料和图件为主，各管线的权属部门和城建部门都建有档案室，以保存管线的竣工图和各种管线的属性卡片、表册。但是纸质档案易变形、受潮等，从而遭受破坏，加上不利于信息的共享，所以随着信息化的发展，这种手工管理方式落后于城市发展的需求,逐步被淘汰。

(2)80 年代后期至 90 年代,国家从了解全国地下管线情况的角度出发,开展了大规模的城市地下管网普查,并率先使用计算机辅助制图技术(AutoCAD)绘制管线分布图;使用 DBASE、FOXPRO 等数据库管理系统存贮管理管线和管件的属性信息。但是由于管线的空间信息和属性信息分别存贮介质的分离,管线资料很难统一利用和管理,更难以进行信息的更新。

(3)90 年代初期至中期,地理信息系统软件被广泛应用于一些行业,也包括应用于管线空间信息和属性信息的管理。相关职能部门探索使用国外的 GIS 平台(ArcInfo、Intergraph),有的甚至用 AutoCAD 探索开发管线信息管理系统。与此同时,国内 GIS 公司也异军突起,国产 GIS 平台研制成功(如 MapGIS),用国产 GIS 平台也开发出了地下管线信息管理系统。如 1994 年开发成功的南京炼油厂综合管线信息管理系统、江西南昌自来水管网信息系统和苏州市城市地下管网地理信息系统等,由此城市地下管线信息管理系统的发展进入一个新时期。

1.6　建立管线信息系统的意义

要实现城市管理的科学化、现代化,对城市内的管线进行普查,并对管线资料的管理做出长远规划的工作迫在眉睫。对管线信息系统进行相关的技术研究,将为城市建设和管理提供决策支持工具。

(1)借助于地下管线信息管理系统强大的空间数据库管理功能,可以很好地将城市的基础地理信息、各种管线、管件空间信息以及它们复杂的属性信息进行一体化,并进行存储,分类、分层地进行管理。

(2)凭借着地理信息系统强大的空间分析能力、网络分析功能和其他各种模型分析功能,能方便地对管线中的介质运行状态作动态模拟,能快速准确对管线运行的突发事故作紧急处理,能科学地进行地下管线的规划和辅助设计,能指导市政工程的文明施工和预防性维护等。

(3)依托着地下管线信息管理系统的网络运行功能和三维显示功能,城市的建设部门和管线权属机构、企业的各个管理部门,能充分实现管线信息的共享。在 WebGIS 的帮助下,能进行远距离浏览查询和形象地观测地下管线的复杂分布及相应的空间关系。

(4)得益于系统强大的图形功能和数据库管理功能,可以方便地对基础地理信息、管线信息进行修改和更新。

2　系统设计的基本原则与整体结构

2.1　设计原则

2.1.1　实用性

系统建设应当以管理地下管线日常业务工作为核心,针对不同业务的特点,设计操作简便、结构合理、运转流畅、适应性强的信息系统。

2.1.2　先进性

在系统的总体架构上,要采用国际上先进、成熟、可靠的技术。在系统中采用功能强大的 GIS 软件作为空间数据管理的开发平台,采用先进的数据库管理系统,以及采用组件的开发模式,由此构造从二级、三级、多级混合的体系结构,增强系统的可维护性和可扩展性。

2.1.3　开放性

为了满足与其他系统数据交换的需要，系统必须提供开放性的数据接口。

2.1.4　安全性

系统的安全性是系统建设中必须考虑的问题之一，采用相关加密技术，以保证数据的安全性，对工作流程进行安全分级审查，对数据提供自动备份机制。

2.1.5　易用性

管线专业权属单位的大部分业务人员不是专业的计算机人员，因此操作界面的方便性将极大地影响到系统的顺利运行。

2.1.6　规范性

地下管线信息系统的建设必须符合各级政府和各个行业颁发的法规、政策、标准、规范，如《地下管线探测规程》等。

2.1.7　可扩展性

尽量采用组件模块化设计，保证系统的可扩展性与高度兼容性。

2.2　整体结构

地下管网信息系统总体结构应包括基本地形图数据库、综合地下管线空间数据库、地下管线属性数据库、信息系统平台（GIS 软件）和分析应用子系统。宜采用三层结构模式：以规划管线数据、现状管线数据、历史管线数据、规划道路红线数据、河道蓝线数据和现状道路数据等组成的基础数据层；以综合地下管线空间数据库、管线属性信息数据库和基础地形图库组成的数据管理层；以综合地下管线信息系统为平台的系统分析应用层，如图 4-2 所示。

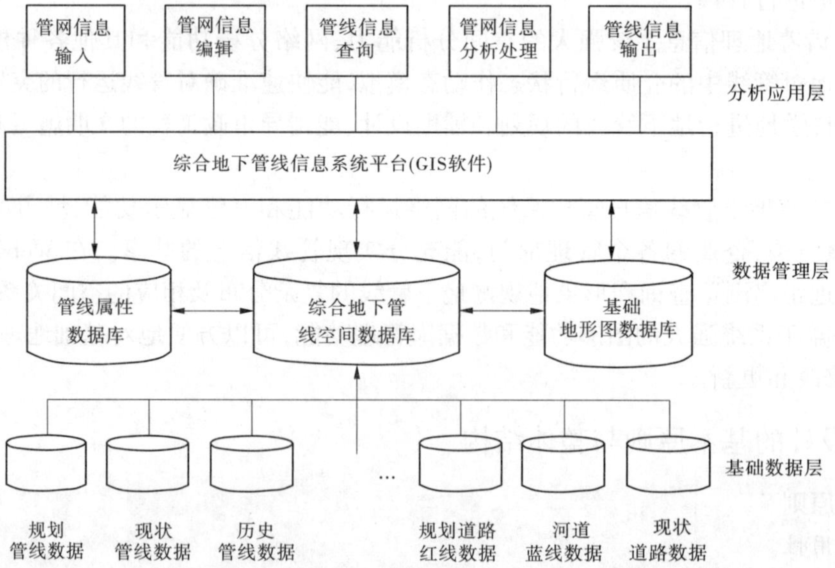

图 4-2　地下管网信息系统总体结构图

如图 4-2 所示的系统三层结构中，基础数据层主要解决数据的来源，数据管理层主要解决数据的组织管理模式，分析应用层则主要进行系统的功能划分。

基础地形图包括道路、房屋、公用设施等城市地形资料，是地下管网建设重要的参照系统。随着经济社会的飞速发展，基础地形图数据信息变化很快，为了保持基础数据的现势性，基础地形数据库数据需要及时更新。

管网信息分析应用子系统是数据管理层的核心，地下信息系统空间分析功能就在该层，它是信息系统爆管分析、最短路径分析等功能开发的基础，也是管网信息系统有别于CAD和其他行业GIS的标签。

管线信息的输出要符合行业规范要求，表4-1列出了地下管网成果表数据库的基本结构，表中的有些字段是各类线数据库所公用的，如物探点号、测量点号、建设年代、权属单位等；有些字段则是专用的，如电缆条数、光缆条数等，具体可见《地下管线探测规程》。

表4-1　地下管网成果表数据库的基本结构

字段	字段名	数据类型	字段宽度	小数位数	输入格式
1	图上点号	字符	8		类型+顺序号，如DL2434
2	物探点号	字符	8		如上，要求此字段唯一
3	测量点号	数值	6		顺序号
4	管线材料	字符	8		
5	特征	字符	30		
6	附属物	字符	15		
7	X坐标	数值	15	3	
8	Y坐标	数值	15	3	
9	地面高程	数值	8	2	
10	井底高程	数值	8	5	
11	压强/电压	字符	10		
12	管顶高程	数值	8	2	
13	管底高程	数值	8	2	
14	埋设方式	字符	10		
15	管径	数值	15		
16	埋深	数值	5	2	
17	电缆条数	数值	3		
18	光缆条数	数值	3		
19	总孔数	数值	2		
20	已用孔数	数值	2		
21	建设年代	字符	10		
22	权属单位	字符	50		
23	连接方向	字符	8		
24	图幅号	字符	15		
25	备注	字符	30		

地下管线经普查后，形成城市的地形和地下管网的空间和属性信息，在建立地形数据库和管网信息数据库之前，必须进行排错。为了提高入库数据的精度，一方面，普查施工单位

要严格按照《管线探测规程技术设计书》上对提交数据的要求格式进行仔细检查,例如管线点代码、管线的连接关系、管径字段的记录要求等;另一方面,可以利用 GIS 软件自身的查错功能进行检查,属性数据的检查可以利用 RDBMS 中的数据完整性规则实现,如定义字段的取值范围、定义字段的格式、定义字段之间的相互约束等。空间信息的检查主要是拓扑关系检查,几何要素可以分为点、线、面三类规则。对于管网信息系统,管点必须位于管线之上,这个约束就可以用拓扑规则"point must be covered by line"来定义,不满足规则的要素被标记为拓扑错误,见图 4-3。

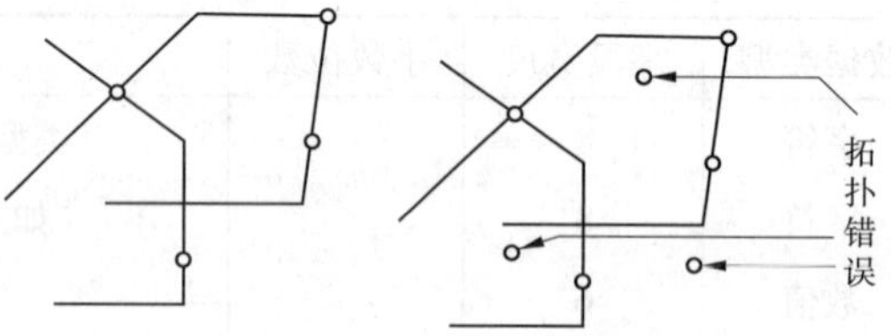

(a)满足拓扑规则　　(b)不满足拓扑规则

图 4-3　拓扑错误

和管网信息系统相关的其他拓扑规则包括:

(1)点要素必须处于线要素的端点上,如阀门须位于输水管的端点上。

(2)在同一个要素层中线与线不能重叠,如图 4-4 所示。

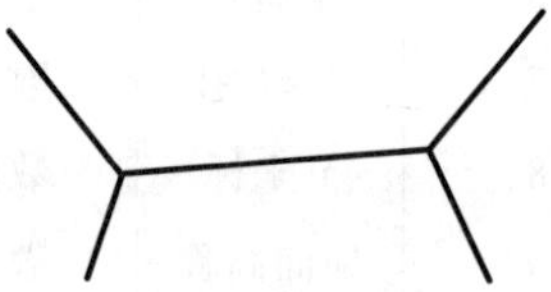

图 4-4　线线重叠

(3)线要素不能自重叠。

(4)线要素的端点必须被点要素覆盖,注意该规则与第一条规则的差异。

(5)某个要素层的线段必须被另一个要素层中的线段所覆盖。

这些拓扑错误,可以借助 ArcGIS 等软件进行拓扑检查。

3　数据标准

数据的标准是指数据的名称、代码、分类编码、数据类型、精度、单位、格式等的标准形式。数据标准的制定对 GIS 的发展具有重要意义。

建立地下管线信息系统很重要的一个目的就是实现数据共享,为了便于数据共享,必须制定统一的数据标准。对于管线数据,数据标准不仅使不同的管网信息系统之间共享数据成为可能,也防止了不同类型管网之间可能出现的数据编码冲突,从而使建立综合管网信息系统成为可能。

数据标准对管线信息系统数据的要求:

(1)地下管网信息系统的各类信息,应具有统一性、精确性和时效性。

统一性是指地下管网信息系统基础地形图应采用和城市地理信息系统统一的基础地形底图作为管网信息定位的基础,管网信息应采用相同的比例尺和坐标起算值;精确性是要求所管理的管线空间信息(水平坐标值和高程值)的精度应完全满足管线管理的要求,尽量采用国家测量坐标系统;时效性是指管线系统中的基础地理信息和管网信息必须作定时更新,长期维护,特别是基础地理信息数据。

(2)管线信息要有统一的分类编码。

只有按照科学的规律进行分类和编码,才能对管线数据进行存储、管理、检索分析、输出和交换等。管网信息有两类编码,即管线分类编码和标识编码。编码应标准化、规范化。

基础地形图要素的分类编码应按现行国家标准《1:500　1:1 000　1:2 000 地形图要素分类与编码》(GB/T 14804—2007)实施。如某些要素类型在国标中尚未规定分类编码的,可以采用行业标准或自编暂行标准分类。

各类地下管线都有自己对应的分类码,目的是为了唯一识别各种类型的管线。分类编码方法如图 4-5 所示。分类编码的编码第一位代表管线的最大类别,如 1 代表电力管线、2 代表电信管线、3 代表给水管道、4 代表排水管道、5 代表燃气管道、6 代表热力管道、7 代表工业管道;第二位代表管线子类代码,用于表示管线种类中的小类,用 1 位数字表示,比如电力管线中,电力线子类用 0 表示,供电电缆子类用 1 表示等;第三、四位为识别码,用于识别不同管线点及管线设施类型,用两位数字表示。例如,电力线中的高压线分类码为 1001,中压线分类编码为 1002。各类管线的分类码具体见《地下管线探测规程》,如表 4-2 列出了电力管线的分类码。

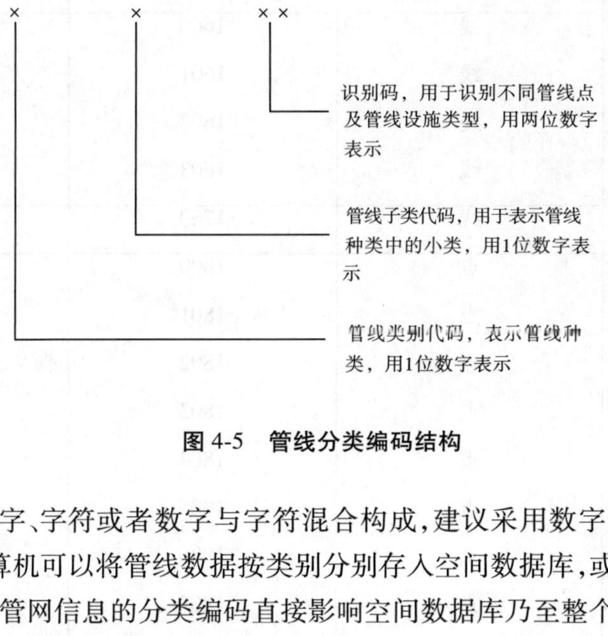

图 4-5　管线分类编码结构

分类一般由数字、字符或者数字与字符混合构成,建议采用数字形式,提高检索速度。利用分类编码,计算机可以将管线数据按类别分别存入空间数据库,或从数据库中按类别查询检索管线数据。管网信息的分类编码直接影响空间数据库乃至整个管网信息系统的应用效率。

每类地下管线的各要素都应用标识码进行标识存储。标识码是间接利用信息分类结果,即在分类的基础上,对某些类别的数据分别设计出其全部或主要实体的识别代码,简称标识码,用以对某一类数据中某个实体,如一幢建筑物、一条街道、一个街口、一条河流或一根管线进行标识,以便能按实体进行存储和逐个查询检索,从而弥补利用分类码不能按实体进行个体分离的缺陷。

表 4-2 电力管线分类编码

名称	特征类型	编码	代码
电力线	线	1000	DL
高压	线	1001	GY
中压	线	1002	ZY
低压	线	1003	DY
供电电缆	线	1100	GD
高压	线	1101	GY
中压	线	1102	ZY
低压	线	1103	DY
路灯电缆	线	1200	LD
信号灯电缆	线	1300	XH
电车电缆	线	1400	DC
广告灯电缆	线	1500	GG
电力电缆沟	线	1600	LG
高压	线	1601	GY
中压	线	1602	ZY
低压	线	1603	DY
直流专用线路	线	1700	ZX
附属设施	点	1800	—
变电站	点	1801	BD
配电房	点	1802	PD
变压器	点	1803	BY
检修井	点	1804	JJ
控制柜	点	1805	KZ
灯杆	点	1806	DG
线杆	点	1807	XG
上杆	点	1808	SG

标识码可以按现行国家标准《城市地理要素——城市道路、道路交叉口、街坊、市政工程管线编码结构规则》(GB/T 14395)的规定执行。该标准规定了城市道路、路口、街坊和市政管线等要素标识码的结构规则,这几类标识码由定位分区和各要素实体代码两个主要码段完成,即定位分区代码和要素实体代码。具体内容如下:

根据各个城市空间分布特点和习惯,将城市划分为若干基本(区域)单元,即定位分区。每个分区给定一个唯一的代码,称为定位分区代码。该码段一般采用 3~4 位字符数字混合码。

对于不同要素实体，根据它们各自的数量、质量和分布特征，采用若干位字符数字混合码作为要素实体代码。这一码段在每个定位分区范围内应当保持唯一。例如，城市道路实体和路段实体的代码可以由下列结构组成：

道路实体代码：道路走向；道路（在同一定位分区中的）序号；路名序号等。

路段实体代码：路段走向；路段（在同一定位分区中的）序号；段名序号等。

编码在每一个定位分区中必须保持唯一标识。标识码是在管线分类的基础上对各类管线要素的实体所设计的识别代码。通过标识编码，计算机可实现对各管线要素的每一实体进行存储管理和逐个查询检查。地下管线信息的标识码实际上是分类码的补充。标识码中包含了实体的定位分区信息，方便对管线信息进行定位查询。

地下管线要素一般分为管点、管段和管线。管点是各种管件设备、管线连接点或转折点、管径变化点等的统称，也是管线探测点的位置。管段是两个同类管点之间连接管的统称。而管线是属性相同管段连接线的简称。这三种要素的每个实体都要用相应的代码加以识别，如XX市地下管线普查管线点符号图例与编码，见本书附录Ⅲ。

（3）地下管线普查采用统一的技术规程。

数据库中涉及的多源数据集，具有数据量大、种类繁多的特点。采用统一的技术规程，对设备要求、作业步骤、质量控制及产品验收等作详细的规定，使采集到的数据具有权威性、科学性、现势性的特点。

（4）统一的地下管线元数据标准。

随着GIS数据共享的日益普遍，数据生产者需要应对管理大型数据集的问题，用户需要高效快捷和全面的获取现势性强、精度高的数据，元数据的重要性日益显现。内容包括：基本识别信息、空间数据组织信息、空间参考信息、实体和属性信息、数据质量信息等。

4　系统的基本功能

4.1　地形图库管理功能

系统应具有海量图库管理能力，对测区内的地形图统一管理（增加、删除、编辑、检索），具有图幅无缝拼接和可按多种方式调图的功能，可以根据需要有效压缩海量数据，编写快速查询海量数据的算法等。

4.2　管线数据输入与编辑功能

系统的基础地形图和管线信息的输入，应适应图形扫描矢量化、手扶跟踪数字化或实测数据直接输入或读入等多种输入方式（见图4-6）。系统应具有对常用GIS平台双向数据转换功能。系统的编辑模块应具有完备的图形编辑工具，具有绘制管点、绘制管线、删除管点、删除管线、连点成线、打断管线、点线联动、合并管线、属性信息修改、解析法成图、图形变换、地图投影方式转换和坐标转换等功能。对管线数据的编辑应具有图形和属性联动编辑（见图4-7）的功能以及对管线数据的拓扑建立和维护的功能。

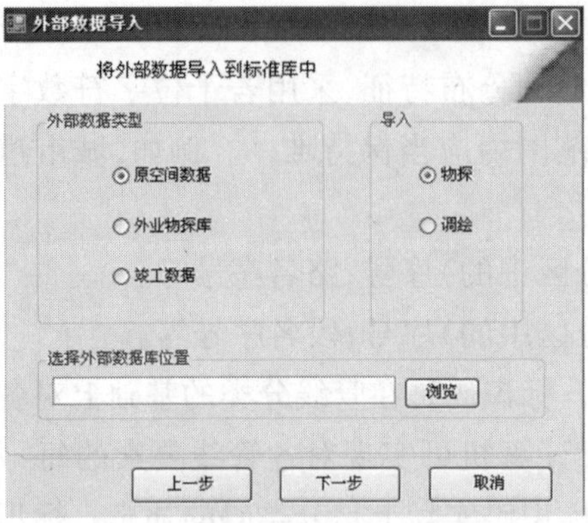

图 4-6　数据输入

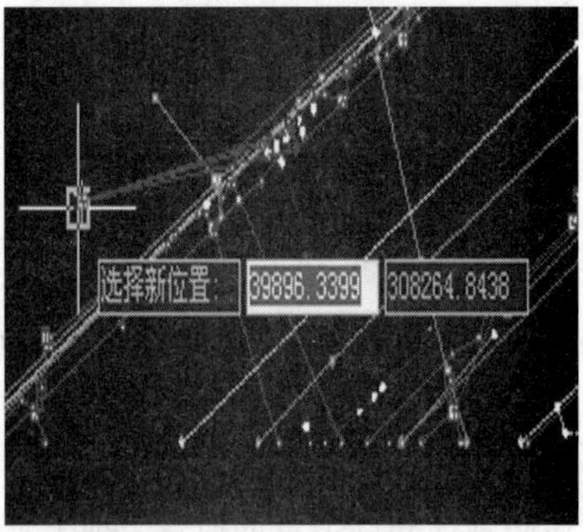

图 4-7　点线联动

4.3　系统的管线数据检查功能

系统的管线数据检查功能包括点号和线号重号检查、管线点特征值正确性检查、管线属性内容合理性和规范性检查、测点超限检查、自流管线的管底埋深和高程正确性检查、管线交叉检查和管线拓扑关系检查等。图 4-8 为管线交叉检查情况，管线经检查后有交叉情况时，用一个小红旗在图层上进行标注，并有一信息列表列出所有有问题的交点，可直接双击信息列表中的序列号，小红旗定位到图层上的交叉点位置，方便查找。

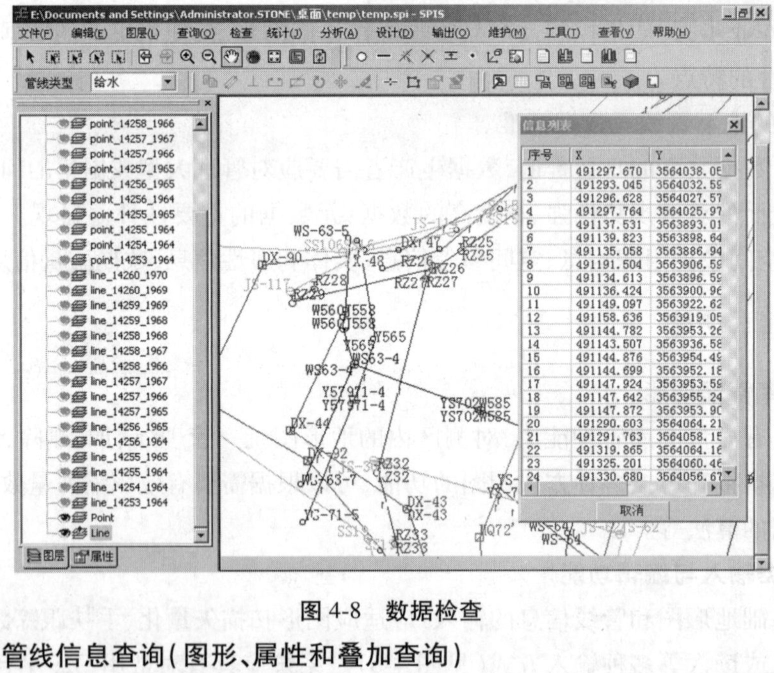

图 4-8　数据检查

4.4　系统的管线信息查询(图形、属性和叠加查询)

系统的管线信息查询(图形、属性和叠加查询)包括空间定位查询、管线空间信息和属性信息的双向查询，以及管线纵、横断面查询。管线属性信息的查询结果可用于统计分析。建立管线图形库，可以方便地查询管线图形，根据图形可以进行各类管线属性叠加查询，如地形图、规划图、红线图等，以便于对照分析现状管线与规划管线之间的关系及其空间位置关系。

常用的查询方式有两种：

(1)根据属性信息查询管线。通常采用标准的 SQL 语句对属性信息进行查询，如图 4-9~图 4-11 所示。这种查询可以实现统计功能：针对属性信息进行的统计，可以绘制各种图表(直方图、散点图、饼状图等)来表现数据的分布和趋势，对空间对象进行空间统计，如图 4-12、图 4-13 所示。

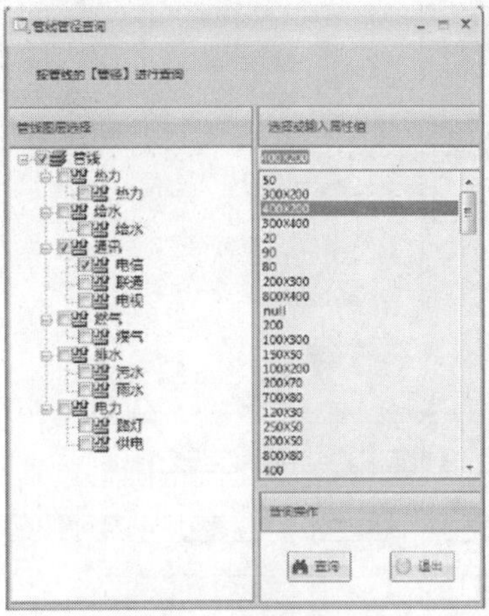

图 4-9 按管径查询

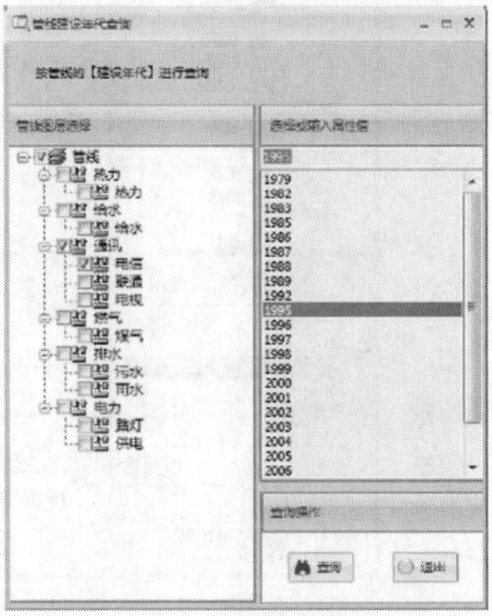

图 4-10 按建设年代查询

图 4-11 按属性信息查询

(2)空间查询。一种方式是交互式查询，点击感兴趣的管线，从弹出的窗口中读取属性信息。另一种是根据地理要素的空间位置进行查询：

①相交，如找出和已知管线相交的管线。

②缓冲区，如找出距水厂 2 km 内的所有管线，或找出离发生管线泄漏处 500 m 内的所有阀门。

③包含，如找出某个小区内的电力线。

④重叠，如找出和电力管线重叠的电信管线。

4.5 管线信息分析功能

4.5.1 爆管分析

对给水、燃气管线进行爆管分析，生成事故点的埋深等信息，并给出需要关闭阀门的坐标、权属单位、所在道路等相关信息，方便有关单位采取措施。

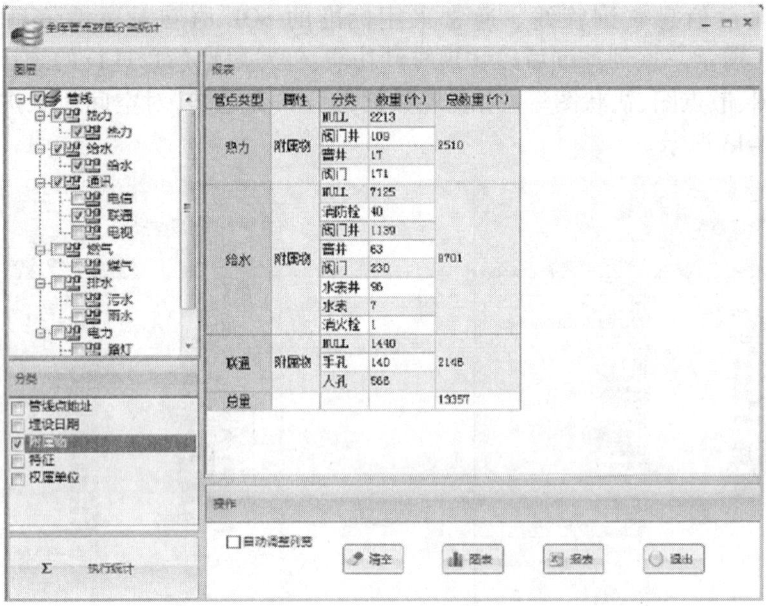

图 4-12　管线点数量统计

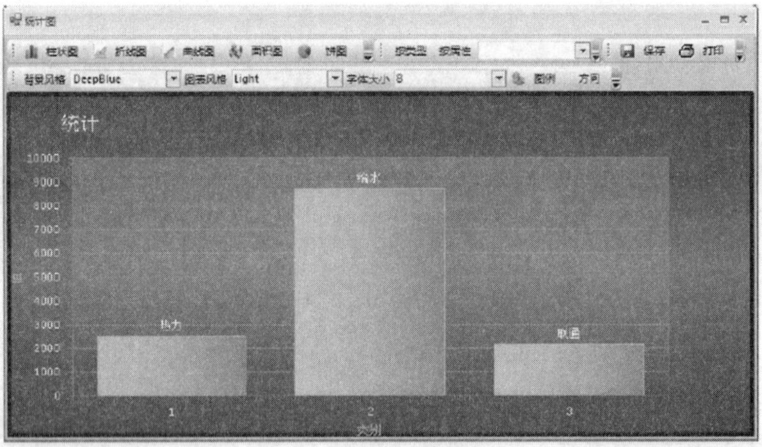

图 4-13　柱状图显示

4.5.2　横断面分析

根据断面下的情况，生成截面管径、地面高程、管顶高程、埋深等信息，显示横断面图时，使地面线(道路断面)更符合现实，能清晰显示侧右线、绿化带、隔离带等。生成或打印断面时，可以分别定义横、纵向的比例，并在图上标注比例，横断面图的生成增加类似于 CAD 中的标注功能，即直接指定图上空的区域后将断面图生成在图上。绘制出与管线垂直的断面图，在图上可以分析管线在垂直方向上的空间位置及相互关系。

4.5.3　纵断面分析

指定分析管线，以几何图表的形式显示出分析管线的纵断面区域，并列表显示纵断面区域管线的相关属性，按照国家标准设定显示内容。

4.5.4　风险评估

根据属性将管线进行分段，根据各段的尺寸、管材、油气的物理化学性质以及沿线的地形、地貌、环境等参数进行评估,对超出规定的风险管道进行整治,保证管道的安全和经济运行。

4.5.5　网络分析

利用网络模型计算最佳路径,查找最近设施,计算上下游管网等。

系统的管线信息其他分析功能宜包括管线碰撞分析、抢险分析、最短路径分析等。

4.6　**系统的管线信息维护更新功能**

系统的管线信息维护更新功能包括管线空间信息和属性信息的联动添加、删除和修改。

图形更新:系统提供各类管线绘制功能,新增加的管线可以方便地存入系统。

属性更新:定义管线类型并附加属性,属性数据存入图形的扩展对象数据中。管线更新的历史数据建档功能宜对更新的新老数据建立历史档案。

4.7　**系统的输出及检索输出功能**

系统的输出及检索输出功能包括基本地形图和管线图形信息的图形输出和属性查询统计的图表输出。检索输出应包括任意圈定、任意坐标范围、任意管线和属性范围检索输出。

4.8　**发布功能**

发布功能包括综合管线空间信息、事故、管线维护等对用户有用的信息发布。

任务2　数据库设计

【任务目的】

使学生掌握地下管线信息系统数据库设计的基本流程。

【任务分析】

数据库设计是系统建设的核心与主体,数据库设计属于系统的建立,但是作为信息系统的核心,有必要单独拿出来说明数据库的设计过程。

【任务要求】

(1)掌握地下管线信息系统的数据库设计的流程。

(2)掌握空间数据的基本特征。

(3)掌握空间数据库模型的种类。

【任务准备】

(1)仪器准备:计算机、多媒体设备等,能够保证正常工作使用。

(2)人员准备:按照实习任务,事先分好小组,轮流操作。

(3)记录准备:准备笔记本、笔等学习用具。

【任务实施】

数据库设计按以下几个方面进行:①数据库设计流程;②空间数据库。

1　数据库设计流程

在系统建设中,数据库设计建设也是整个系统成败的关键。所有的管线信息包括空间数据和属性数据、图像、文档都存储在数据库中,因此系统数据量比较大,数据类型比较复杂,访问频率高,对数据库系统要求非常高。

管网信息数据库设计和一般数据库设计的步骤相似。一般的数据库设计流程如

图 4-14 所示。

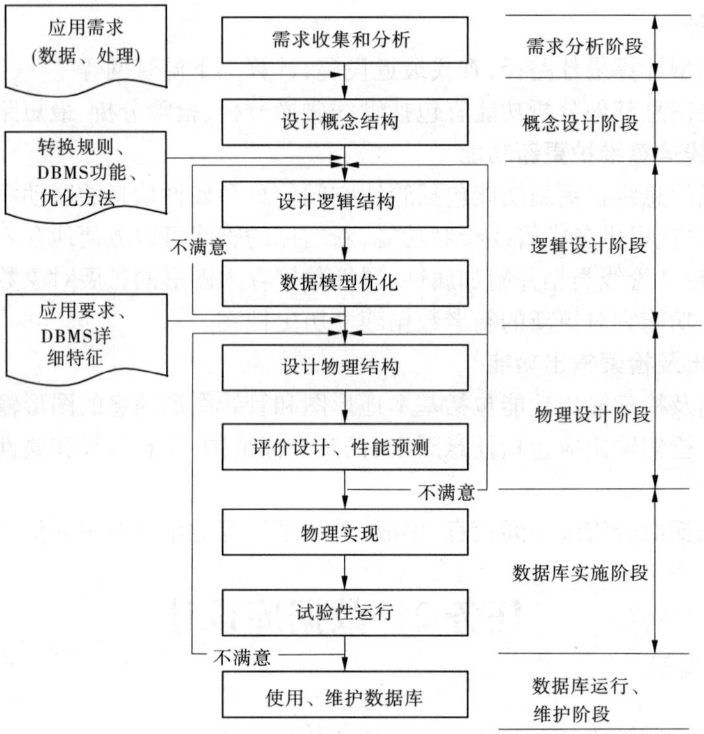

图 4-14　一般数据库设计流程

1.1　需求分析阶段

首先接受任务；根据《城市地下管线探测技术规程》和签订的协议书、技术设计书要求定义数据库对象命名的规范（如通过特定的前缀识别对象）；调查和分析用户的应用需求，主要包括业务规则、事务处理和安全性要求等。

1.2　概念设计阶段

根据用户的现实工作环境和需要解决的主要问题，建立数据模型。绘制 E-R 图是建立概念数据模型的常用方法。E-R 图又称实体-联系图，由实体、属性、联系三个要素组成。实体用矩形表示，属性用椭圆表示，联系用菱形表示，实体与属性之间或实体与联系之间通过线段连接。

如图 4-15 所示，阀门的实体属性有 X 坐标、Y 坐标、编号和建设年代等，其中编号是主键；管道的实体属性有管顶高程、管底高程、编号和埋深等，两个实体间构成连接关系。由于一个阀门可以和多个管道相连，一条管道也可以和多个阀门相连，两个实体间是多对多关系，在图上用 m、n 表示。

1.3　逻辑结构设计阶段

将 E-R 图转换为关系数据模型，将 E-R 图转换为关系表，定义主键、字段类型、约束等，并根据范式对关系表进行优化。

1.3.1　管线的空间数据模型

管点可定义为一般探测点（位置点）、特征点（依管线种类不同而异，如给水管有弯头、

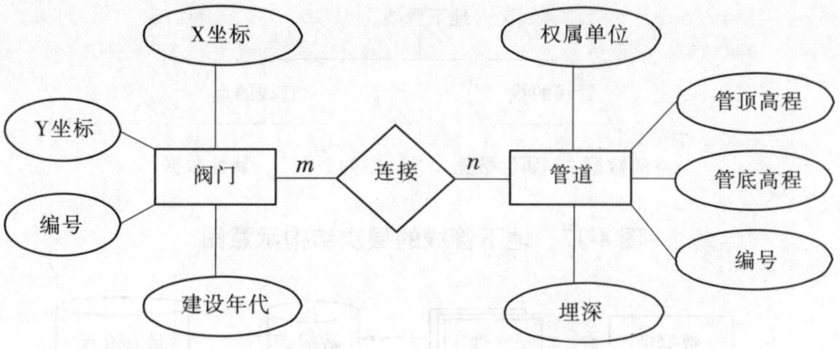

图 4-15　管线对象 E-R 图

三通、四通等)、附属物点(依管线种类不同而异,如给水窨井、消防栓、阀门等)、时间点。

一条管线可定义为按管线连接关系以下列管线点为管线的起点和终点:特征点(三通、四通、人孔)、附属物点(阀门、消防栓、窨井、接线箱、污水箅、手孔、上杆)、变径点、变材点、埋设年代变化点、时间点。

地下管线种类很多,包括给水、排水、燃气、工业、热力、电力、通信及各种其他管道,各大类仍可向下细分,各类管线又设有不同的建筑物、构筑物以及附属设施,具体见本书项目 2 的内容。尽管各种管线规格、大小互不相同,但从上述“管点”和“管线”的定义可以抽象出如图 4-16 数据模型。

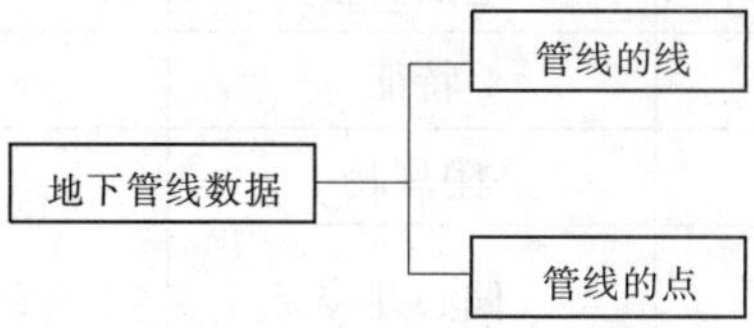

图 4-16　管线数据模型

1.3.2　属性数据编码

为了便于识别管线种类和数据分层处理,也为了使数据库结构具有较高的灵活性,使数据的查询和计算简便,对管线数据需要设计编码。设计编码方法都应遵循:①唯一性原则,即在众多的独立数据的基本单元中,一个单元必须而且只能有唯一一个代码;②特征性原则,即在编码中的每一个码位或码段描述该单元的数据时,应具有一定的意义,如它的分类、区位、时间及顺序等;③灵活性原则,也就是在编码中增加、删除或插入一个或一类单元的编码时,不应影响其余单元的编码或导致整个体系的混乱与破坏。管线分类编码的形式见本项目任务 1 中“3　数据标准”。

1.3.3　数据库的组织

地下管线 GIS 的几何数据与属性数据可以用如图 4-17 所示的方法连接起来。

数据库中的数据按照格式可以分为空间数据和属性数据。在数据库的逻辑设计中,对于这两种不同格式的数据可以采用如图 4-18 所示组织。

某市基于 GeoDataBase 数据管理模型的地下管线信息系统的管点和管线属性数据分别如表 4-3 和表 4-4 所示。

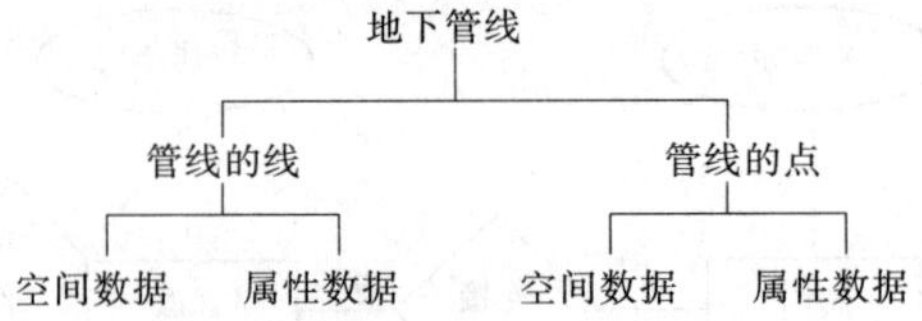

图 4-17　地下管线的层次结构示意图

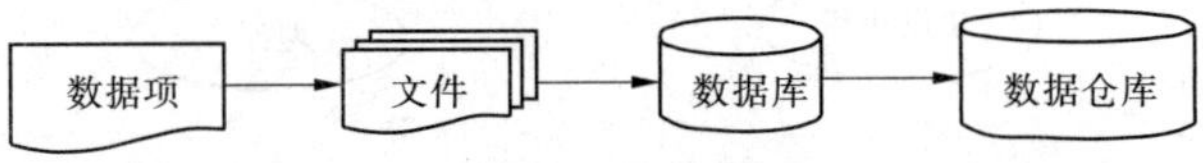

图 4-18　空间数据的组织

表 4-3　管点属性表

字段	字段名	类型	中文意义	备注
1	Exp_No	Text(8)	物探点号	测区内唯一识别码
2	Map_No	Text(4)	图上点号	1:500 图幅内唯一识别码
3	S_Code	Number(2)	点符号代码	
4	X	Number(10,2)	X 坐标	
5	Y	Number(10,2)	Y 坐标	
6	Surf_H	Number(6,2)	地面高程	
7	Feature	Text(8)	特征	
8	Subsid	Text(8)	附属物	
9	OFFSET	Text(10)	偏心井位	当 Exp_No 为偏心井时，填入偏心井盖中心点号
10	MAPNO_X	Number(10,2)	位移后的图上点号的位置 X 坐标	按测量坐标系
11	MAPNO_Y	Number(10,2)	位移后的图上点号的位置 Y 坐标	按测量坐标系

表 4-4　管线属性表

字段	字段名	类型	中文意义	备注
1	S_Point	Text(10)	起点物探点号	
2	E_Point	Text(10)	连接方向	终点物探点号
3	S_Deep	Number(7,2)	起点埋深	雨污排水管注管底埋深
4	E_Deep	Number(7,2)	终点埋深	雨污排水管注管底埋深
5	Material	Text(8)	材质	
6	D_Type	Number(1)	埋设类型	直埋:1—矩形管沟;2—圆形管沟;3—拱形管沟;4—人防;5—管块;6—套管;7—其他

续表 4-4

字段	字段名	类型	中文意义	备注
7	D_S	Text(15)	管径	直径或宽×高
8	Mdate	Long Date	建设年代	
9	B_Code	Text(10)	权属单位代码	
10	Line_Style	Number(1)	线型	0—非空管;1—空管;2—井内连线
11	Cab_Count	Text(10)	电缆条数	
12	Voltage	Text(10)	电压值	
13	Pressure	Text(10)	压力值	高压、中压、低压
14	Hole_Num	Text(10)	孔数	列孔数×行孔数
15	Hole_Used	Text(10)	占用孔数	
16	D_DIA	Text(10)	套管尺寸	ϕ100/铁塑/灰
17	Road	Number (3)	路名代码	
18	FlowDirect	Number (1)	排水流向	0—起点到终点; 1—终点到起点
19	MEMO	Text(20)	备注	工业、热力、给水等 流体类型或内容
20	Link_code	Text(21)	管沟连接码	与管沟表同

1.4 数据库物理结构设计

为数据模型在设备上选定合适的存储结构和存取方法,分配存储空间等。存储结构的确定要综合考虑存取时间和存储空间因素。数据存取方式是指建立索引,使用索引可以加快对特定信息的访问速度。存储空间的合理分配需要对数据的容量和预期的增长有一个正确的估计,数据可以存放在不同的分区和磁盘上,这样对表的管理和控制具有更大的灵活性。

根据数据格式的不同,具体分为空间数据的存储和属性数据的存储。

1.4.1 空间数据的存储

过去的空间数据存储都采用文件的形式来管理空间数据,随着数据库技术和 GIS 技术的不断进步,数据存储的方式从原有的文件管理逐渐过渡到 RDBMS 中统一管理。现在存储空间数据的软件很多,如 Esri 的 GeoDataBase 就是建立在 SDE+RDBMS 上的。在每一个 GeoDataBase 中可以包含 FeatureDataSets 和 FeatureClass 两种数据结构。

FeatureDataSets 是分享同一空间参考的 FeatureClass 的要素结合。

FeatureClass 是独立的要素集合,用来存放同一种空间实体。

FeatureClass 可以是 FeatureDataSets 的子集,也可以在 FeatureDataSets 的外边,作为一个独立的要素。

GeoDataBase 空间数据的存储机制如图 4-19 所示。

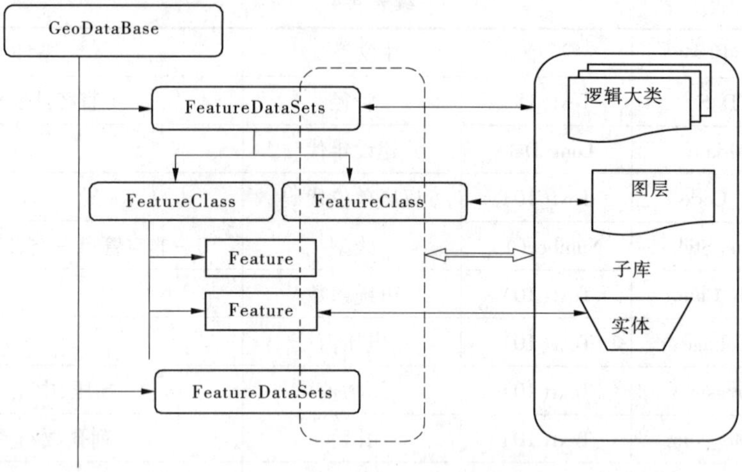

图 4-19　矢量数据库的存储机制

1.4.2　属性数据的存储

属性数据一般由关系数据库进行管理,常用的有三种存储模式:第一种是 ARC/INFO,一个逻辑层中无论包含多少地物类,仅用一个或有限个属性表,它的属性数据一般存储在对应 Coverage 目录之下,在工作区目录下,通常有一个记录属性数据文件信息包括目录文件的文本;第二种是 MGE 的属性数据管理方式,一个地物类对应一个属性文件,而且所有属性文件都在工程的目录下;第三种是结合两者的优点,比如 GeoStar,可以设计为一个地物类为一个属性表,也可以是多个地物类公用一个属性表。

考虑到地下管线信息系统数据量较大,可采用 Oracle 系列数据库进行属性数据的存储。

1.5　数据库实施

空间数据库的概念设计、逻辑设计和物理设计修改后,正式地进行数据库实施。实施的过程,应当以实施计划为指南,尽量按照计划进行实施。但在实施过程中常常需要对实施计划做或多或少的改动。任何方面的改动都应当以书面形式备案,做到有案可查。空间数据库的实施一般过程如下:

(1)数据录入。数据录入的数据源应包括系统设计的各类源数据,以检测各输出软件的可行性和数据转换格式的正确性。

(2)数据编辑。对录入的数据在进入数据库以前的编辑和预处理,要尽可能测试各种编辑功能和操作,检测其安全性和可操作性。

(3)数据库建立。应保证所选择的试验小区的数据足以建立一个完整的空间数据库和属性数据库,以检测其结构的合理性和拓扑关系的正确性以及数据连接的正确性等,同时对数据库管理系统的功能也应进行全面测试。

(4)数据分析与处理。利用所建立的数据库的数据对应用型 GIS 的基本分析功能,特别是对应用模型进行测试,检查模型的正确性和可靠性。

(5)数据输出。输出结果能否满足所设计的要求和用户的需要。

1.6　数据库运行与维护

性能监测、数据转储与恢复、安全控制。其中,数据库的维护包括如下内容:

(1)程序的维护。在系统维护阶段,会有一部分程序需要改动。根据运行记录,发现程序的错误,这时需要改正;或者随着用户对系统的熟悉,用户有更高的要求,部分程序需要改进;或者环境发生变化,部分程序需要修改。

(2)数据文件的维护。业务发生了变化,从而需要建立新文件,或者对现有文件的结构进行修改。

(3)代码的维护。随着环境的变化,旧的代码不能适应新的要求,必须进行改造,制定新的代码或修改旧的代码体系。代码维护的困难主要是新代码的贯彻,因此各个部门要有专人负责代码管理。

(4)机器、设备的维护。包括机器、设备的日常维护与管理。一旦发生小故障,要有专人进行修理,保证系统的正常运行。

2　空间数据库

2.1　空间数据

空间数据是地理信息系统操作的对象,在地理信息系统中,通常研究的空间数据内容主要包括:

(1)某个坐标系统中的位置:直角坐标、经纬度。

(2)实体间的空间关系:度量关系、方向关系、拓扑关系。

(3)与几何无关的属性:定性和定量。

(4)时间属性:位置和时间的时效性研究。

作为空间数据库的核心,它具有以下几个鲜明的特征:

(1)空间性。空间数据描述了空间对象的位置、形态以及对象间的拓扑关系。在地下管线信息系统中,管线的名称、权属单位描述的是非空间性质(属性信息),而管线的位置、长度则描述了管线的空间特征。

(2)抽象性。可将现实空间对象进行抽象处理,例如阀门和水表被抽象为点,自来水厂被抽象为多边形。

(3)多尺度与多态性。在不同的比例尺下,同一个地物会表现出不同的大小和形状。比如:在大比例尺地形图中,自来水厂表示为一个多边形,而在小比例尺地形图中,自来水厂被表示为一个点。

2.2　空间数据库模型及代表软件

空间数据库模型主要有三种类型:混合模型、扩展模型和统一模型。

(1)混合模型。空间数据用文件的形式存储,属性数据存放在关系数据库中,通过唯一标识符建立两者的联系。采用这种模型的软件有 MapInfo、MicroStation。

(2)扩展模型。在 RDBMS 中增加空间数据管理层,用统一的关系型数据库存储空间数据和属性数据。采用这种模型的软件有 Small World、System9。

(3)统一模型。是纯关系数据模型,空间数据和属性数据都用二维表(关系)来存储,用关系连接机制建立两类数据的联系。缺点是数据类型定义存在局限性,缺乏空间结构查询语言。采用该模型的产品有 ESRI 的 SDE(Spatial Database Engine)、Oracle Spatial。

任务3 地下管线信息系统的开发模式及开发平台

【任务目的】

使学生了解地下管线信息系统的开发模式、开发平台,掌握常见的管线数据模型。

【任务分析】

进行功能设计后,开始正式的系统开发工作,需要研究合适的开发模式,选择适宜的开发平台,因此本次任务对系统开发模式、开发平台以及管线的数据类型进行介绍,使学生有个总体的认识。系统开发要求较高,作为初学者只需掌握思路即可。

【任务要求】

(1)掌握地下管线信息系统开发的几种模式。

(2)了解组件式GIS。

(3)了解常见的GIS开发平台。

(4)掌握常见的管线数据模型。

【任务准备】

(1)仪器准备:计算机、多媒体设备等,能够保证正常工作使用。

(2)人员准备:按照实习任务,事先分好小组,轮流操作。

(3)记录准备:准备笔记本、笔等学习用具。

【任务实施】

地下管线信息系统的开发模式及开发平台按以下几个方面进行:①开发模式;②GIS开发平台;③管线数据模型。

1 开发模式

1.1 几种常见的开发模式

1.1.1 独立开发

独立开发指不依赖于任何GIS工具软件,利用高级程序设计语言,例如Delphi、Visual C++,Visual Basic等,在一定的操作系统平台上,不依赖于任何地理信息系统工具软件,从空间数据的采集、编辑到数据的处理分析及结果输出,所有的算法都由开发者独立设计的开发模式。

特点:这种方式的好处在于无须依赖任何商业GIS工具软件,减少了开发成本,但是,对于大多数开发者来说,基于能力、时间、财力方面的限制使其开发出来的产品很难在功能上与商业化GIS工具软件相比,而且开发者在开发过程中需要耗费相当多的脑力劳动。

1.1.2 单纯的二次开发

完全借助于GIS工具软件提供的开发语言如Arc/Info、MapInfo和Intergraph等大型GIS系统提供的二次开发工具,结合自己的目标进行应用系统开发。GIS工具软件大多提供了可供用户进行二次开发的宏语言,用户可以利用这些宏语言,以原GIS工具软件为开发平台,开发出自己的针对不同应用对象的应用程序。

特点:这种方式省时省心,但进行二次开发的脚本语言,作为编程语言,功能极弱,用它们来开发应用程序仍然不尽如人意,并且所开发的系统不能脱离GIS平台软件,是解释执行的,效率不高。

1.1.3 组件式的二次开发

组件式软件是新一代 GIS 的重要基础,组件式 GIS 是面向对象技术和组件式软件在 GIS 软件开发中的应用。组件式 GIS 的基本思想是把各大功能模块划分为几个 ActiveX 标准控件,每个控件完成不同的功能,诸如空间数据获取、坐标转换、图形编辑、数据存储、数据查询、数据分析、制图表示等。GIS 组件的代表作首推 MapObjects 以及 MapX。其中,MapObjects 由全球最大的 GIS 生产商 ESRI(美国环境研究所)推出,MapX 由著名的桌面 GIS 生产商美国 MapInfo 公司推出。我国也涌现出一些优秀的组件,如超图公司的 SuperMap 和朝夕公司的 Map Engine。在国内外众多的 GIS 组件中,它们各有所长。在实际开发中,可以选择最适合自己的软件平台进行开发。

1.2 三种开发模式的比较

独立开发难度太大,单纯二次开发受 GIS 工具提供的编程语言的限制差强人意,因此结合 GIS 工具软件与当今可视化开发语言的集成二次开发方式就成为 GIS 应用开发的主流。它的优点是既可以充分利用 GIS 工具软件对空间数据库的管理、分析功能,又可以利用其他可视化开发语言具有的高效、方便等编程优点,集二者之所长,不仅能大大提高应用系统的开发效率,而且使用可视化软件开发出来的应用程序具有更好的外观效果,更强大的数据库功能,而且可靠性好、易于移植、便于维护。尤其是使用 OCX 技术,利用 GIS 功能组件进行集成开发,更能表现出这些优势。

集成二次开发方法唯一的缺点是前期投入比较大,需要同时购买 GIS 工具软件和可视化编程软件,但这种开发方式高效而且实用。

目前,许多软件公司都开发了很多 ActiveX 控件,合理选择和运用现成的控件,减少了开发者的编程工作量,直接调用控件,即可实现各种具体应用功能,不仅可以缩短程序开发周期,使编程过程更简洁,用户界面更友好,而且可以使程序更加灵活、简便,系统维护更容易,应用系统间也能更容易地进行无缝集成。

1.3 组件式 GIS

组件式 GIS(也称 ComGIS)是面向对象技术和组件式软件在 GIS 软件开发中的应用。

ComGIS 不是一种简单的在 GIS 软件开发中的应用技术,而是一种全新的 GIS 软件技术体系,组件式软件技术给整个软件产业带来了一场技术革命。它基于组件对象平台,具有标准的接口,允许跨语言应用,因而使 GIS 软件的可配置性、可扩展性和开放性更强,使用更灵活,二次开发更方便。不仅成功地解决传统 GIS 在软件开发、应用系统集成和用户学习使用等方面面临的困难,而且有利于降低成本,具有无限扩展性等特点。因此,国际上大多数 GIS 软件公司把开发 ComGIS 软件作为重要的发展战略,ComGIS 是当今 GIS 发展的重要趋势。

ComGIS 的基本思想是 GIS 的各大功能模块划分为几个控件,每个控件完成不同的功能。各个 GIS 控件之间,以及 GIS 控件与其他非 GIS 控件之间,可以方便地通过可视化的软件开发工具集成起来,形成最终的 GIS 应用系统。

ComGIS 是一种全新的 GIS 概念,在同 MIS 耦合、Internet 应用、降低开发成本和使用复杂性等方面,具有明显的优势。ComGIS 改变了 GIS 原来过于专业化的开发方式,可以使更多的开发人员掌握 GIS 开发工具,从而使其成为一个大众化的应用领域。组件式 GIS 符合当前软件技术的发展潮流,它使得开发成本降低,和 MIS 系统或者 OA 系统可以无缝集成,无需别的二次开发语言,可视化的组件还支持 RAD,大大提高了应用系统的开发速度。组件式 GIS 本身划分为多个组件,分别完成不同的功能,用户可以根据自己的需要选择组件,大大降低了使用成本。地下管线信息系统开发可以选择组件式 GIS 平台。

2 GIS 开发平台

2.1 常用的 GIS 开发平台

选择 GIS 开发平台需要综合考虑以下因素:GIS 软件公司的实力、合理的性价比、与数据库结合的能力、空间分析能力、二次开发环境等。下面是几种常用的 GIS 平台及其特点。

2.1.1 ArcGIS

ArcGIS 是美国 ESRI 公司的地理信息产品的统称,ESRI 公司于 1969 年成立于美国加利福尼亚州的 Redlands 市,公司主要从事 GIS 工具软件的开发和 GIS 数据生产。

ArcGIS 包括桌面系列(Desktop GIS)、服务器系列(Sever GIS)、移动系列(Mobile GIS)、在线系列(Online GIS)以及数据服务(ESRI Data)和嵌入式开发产品(MapObjects)。从功能上看有三个级别:ArcView、ArcEditor 和 ArcInfo,功能依次增强,ArcView 包含了最基本的功能,而 ArcInfo 包含所有复杂和高级的功能。这三个级别虽然有差异,但都是通过相同的应用程序 ArcMap 和 ArcCatalog 来实现的。前者实现了地图数据的显示、查询、编辑和分析;后者用于空间数据的创建、浏览和管理。ArcGIS 桌面系列还包括 ArcReader(地图浏览器)、ArcEngine(二次开发工具包)、ArcExplorer(客户端平台)以及桌面扩展(Desktop Extensions)。桌面扩展中比较常用的模块有三维分析(3D Analyst)、地理统计分析(Geostatistical Analyst)、网络分析(Network Analyst)和空间分析(Spatial Analyst)。

网络分析模块应用领域广泛,因为现实世界中的许多系统可以抽象为网络模型,如道路系统、河网系统、通信系统、电力系统、给排水系统等。

2.1.1.1 嵌入式开发产品 MapObjects

嵌入式开发产品 MapObjects 由一个 OLE 控件和一系列可编程 OLE 对象组成。利用 MapObjects,开发人员可以在应用程序中添加制图和 GIS 功能。它不是为最终用户,而是专门为开发人员提供的。MapObjects 是一个 OLE 控件,它可以用于大量开发框架中,包括流行的像 VB、VC 等之类的程序设计环境,因此开发人员可以在自己熟悉的开发环境中利用 MapObjects 开发 GIS 应用。

MapObjects 具有如下特点:

(1)广泛的数据格式支持。

(2)支持通过微软 ODBC 规范进行的外部数据库访问。

(3)把数据作为多个图层在一张图中进行显示,图幅可以进行变化。

(4)特征表示使用数理方法如数值地图、分类、个体符号以及点值图等。

(5)文字注记和放置。

(6)用一个事件跟踪层来动态显示实时数据。

(7)用标准 SQL 表达式进行特征选择和查询。

(8)通过大量搜索与框架操作符进行空间选择。

(9)地址匹配(地理编码)。

(10)强大而出色的对象模型。

应用 MapObjects 可以实现如下功能：

(1)显示具有多个地图层的地图,如道路、河流和边界图等。

(2)放大、缩小和漫游整个地图。

(3)显示图形特征(Feature),如点、线、圆和多边形。

(4)显示标注字符。

(5)通过点击识别图上特征。

(6)选择沿线的特征和在矩形、区域、多边形和圆内的特征。

(7)选择在已知特征附近规定的距离内的特征。

(8)使用 SQL 语句查询特征。

(9)对选择的特征进行基本的统计。

(10)查询和更新选择的特征的属性数据(shape 格式)。

(11)用特定的方法对特征进行着色处理。

(12)用字段值的字符标注特征。

(13)显示多种格式的栅格图像文件。

(14)动态显示实时和时间系列的数据。

(15)输出地理匹配的地理位置。

2.1.1.2　ArcGIS 的三种文件形式

(1)Shapefile:一种基于文件方式存储 GIS 数据的文件格式。至少由.shp、.dbf、.shx 三个文件作成,分别存储空间、属性数据,是 GIS 中比较通用的一种数据格式。一个 Shapefile 文件只能包含一类要素点、线或者面。

(2)Coverage:一种拓扑数据结构,一般的 GIS 原理书中都有它的原理论述。数据结构复杂,属性缺省存储在 Info 表中。目前,ArcGIS 中仍然有一些分析操作只能基于这种数据格式进行操作。一个 Coverage 文件则可包含多种类型的要素,可以点、线或者面全部包含。

(3)GeoDataBase:ArcInfo 发展到 ArcGIS 时候推出的一种数据格式,一种基于 RDBMS 存储的数据格式。

2.1.1.3　应用案例

CEP 公司采用 ArcGIS 管理巴黎市供水网络系统。国内的许多地下管网信息系统也都采用了 ArcGIS 平台,如上海市排水防汛地理信息系统、长春市煤气管网管理系统。

2.1.2　MapInfo

MapInfo 公司于 1986 年成立于美国特洛伊市,该公司一直致力于提供先进的数据可视化、信息地图化技术,其代表软件是桌面地图信息系统——MapInfo。MapInfo 是一个全面的桌面地图化工具,用户可以进行复杂的地理分析,诸如重新分区、与远程数据的连接、把地图对象拖放到应用程序、无缝地图图层、创建强调自己数据特性的专题地图等。桌面地图化可帮助用户整理信息,使数据中的大量成分显示在地图上。这样,用户可迅捷地在大量信息中查看其模式和关系,而不用不断地访问数据库。

作为一类特殊的地理信息系统平台软件,MapInfo 有它自己的特色,其主要功能有：

(1)MapInfo 可直接打开以 DBF 文件、分界 ASCII 和 Microsoft Excel 转入的多种格式的图形文件,也可以在 MapInfo 内创建数据文件。

(2)使用链接表访问 Oracle、Sybase 等远程数据库。

(3)无缝地图图层,使用户像处理一个图层一样处理多个地图图层。

(4)专题地图用高度可视的效果分析数据。

(5)可从多个文件查询。

(6)工作空间保存所有的设置和视图,使用户可从结束工作的地方开始。

(7)运用 OLE 可把地图窗口嵌入其他应用程序。

(8)有丰富的地图投影供用户选择。

(9)可方便地定制地图。

(10)MapInfo 以表的形式组织信息,每个表由一组文件组成。每张表是个独立的图层,计算机以图层组织地图。

(11)MapInfo 中的地图对象类型有区域、点对象、线对象(包括直线段、折线、圆弧)和文本对象。

(12)内挂的开发语言 MapBasic 使用户可定制自己的界面。

MapXtreme 和 SpatialWare 是 MapInfo 另外两个受瞩目的产品。MapXtreme 是一个软件开发包(SDK),主要用于在 Internet 和 Intranet 上部署地图服务;SpatialWare 是 MapInfo 公司最新推出的空间数据库服务器,主要作用是能够把 MapInfo 地图对象存入大型数据库(如 Oracle、DB2、Infoemix 等),并能为其建立空间数据索引,从而实现空间数据和属性数据的统一管理。

应用案例:

北爱尔兰水务局采用 MapXtreme 建立了用于存储、维护和管理饮用水和污水的网络系统。DRD 负责处理 9 300 km 以上的污水,通过 100 家水处理厂和 22 200 km 的总水管将废水输送到 900 家污水处理厂。通过 MapXtreme 可以将个人电脑与内联网连接访问这些庞大的数据,DRD 近 700 个工作人员需要定期访问这些数据,在浏览器上执行一系列的任务,如打印地图、显示中心坐标、视野范围、使用日期等。MapXtreme 使 DRD 的工作效率大大提高。国内采用 MapInfo 的案例有南京供水管网地理信息管理系统,鲁抗厂区管线信息管理系统等。

2.1.3 Bentley 系列

Bentley 公司的工程设计软件广泛应用于建筑、土木工程、交通运输、工厂设计、生产设备管理、公用事业和电信网络等领域。Bentley 公司在 2006 年 Daratech 公司的研究报告中被列入全球第二大地理空间信息软件供应商,仅次于 ESRI 公司。Bentley 公司目前正积极地向地理工程领域拓展。例如,MicroStation GeoGraphics 工具将 GIS 功能和 MicroStation 集成到了一起。针对管网系统,Bentley 开发出了一系列的工具,例如:①Bentley WasteWater。它是一个污水管理系统,能建立完备的雨水系统、废水系统及两者合一的系统,网络连通性强。②Bentley Water。这是一个面向给水管网设计与管理的系统,具有爆管追踪及供水负荷计算功能。管网设施变动时,可自动确定受影响的客户。③Bentley WaterCAD。可对含有水泵、水塔、水库和控制阀门的给水管网系统进行设计和模拟分析,能进行消防用水流量计算和平差,分析在极端用水条件下的系统状态。④SewerGEMS。堪称当今世界上最先进的排水系统,可实现与环保有关的系统评估、对溢流分流和反向虹吸建模等。⑤SewerCAD。可对含有压力水流和重力水流的污水管网系统进行设计分析,模拟计算渗水及非渗水管路,根据设计参数计算最佳管径。与管网系统有关的工具还包括:Bentley Piping, Bentley AutoPIPE, Bentley PlantFLOW,HAMMER 等。

应用案例:

Bentley 系列产品在市政工程领域有广泛的应用。加拿大多伦多市采用 MicroStation GeoGraphics、Bentley Water 和 Oracle 建立了水网信息系统。上海煤气集团采用 MicroStation GeoGraphics 来设计,管理煤气输送管道,同时将空间数据和工程数据存放在 Oracle 数据库中。

2.1.4 SuperMap

北京超图软件股份有限公司是亚洲领先的地理信息系统平台软件企业,从事地理信息系研究、开发、推广和服务。依托中国科学院强大的科研实力,超图软件立足技术创新,研制了新一代地理信息系统软件——SuperMap GIS,形成了全系列 GIS 软件产品。软件具有如下技术特点:

(1)跨平台技术体系。Universal GIS(共相式 GIS)是一种高性能、跨操作系统的 GIS 技术架构体系。基于标准 C++,完全重构了 GIS 的功能内核,开发了 GIS 系列平台软件,支持在 Unix、Linux 和 Windows 等多种操作系统上高性能运行,基于该技术体系的云 GIS、Service GIS 和 Web GIS 平台支持 IBM 等高端 Unix/Linux 服务器,为高端用户和大规模计算用户提供专享的 GIS 平台支撑。支持多种 Linux 平台分发版本,可协助用户搭建高安全、高性能、高可用、高性价比的 GIS 应用系统。

(2)二三维一体化技术体系。二三维一体化技术体系能保证二维与三维 GIS 技术的无缝融合,包括二维与三维在数据模型、数据存储方案、数据管理、符号、可视化和分析功能的一体化,提供海量二维数据直接在三维场景中的高性能可视化、二维分析功能在三维场景中的直接操作和越来越丰富的三维分析功能。突破了单纯的三维只能查一查、看一看的瓶颈,推动三维 GIS 升华为面向业务管理和辅助决策的深度应用。这一技术特点可以在管线三维可视化应用中大有作为。

(3)大型全组件式 GIS 开发平台——SuperMap Objects 6R 系列。SuperMap Objects 6R 系列是基于 Realspace 的二三维一体化的组件式 GIS 开发平台,适用于快速开发专业级 C/S 结构应用系统。目前 SuperMap 组件式 GIS 平台支持 Java、. NET 和 COM 组件的系列产品,包括:① SuperMap Objects Java 6R;② SuperMap Objects . NET 6R;③ SuperMap Objects (COM) 6。

该系列开发平台的功能:在多种开发环境下通过二次开发,能够将 GIS 的功能融入业务应用系统,使业务应用系统具备空间数据采集、入库、显示、编辑、查询、分析、制图输出、三维显示等 GIS 核心功能。

该系列开发平台的特点如下:

全新的三维组件,支持二三维一体化;

支持多种开发语言;

开发接口简单易用;

粒度适中的组件封装,开发工作灵活简便,保证了系统运行效率;

内置海量空间数据库引擎,实现稳定的企业级数据管理;

强大的二维交互编辑能力;

一体化的地图制图与排版打印；

支持 Java、. NET 和 COM 多种组件技术。

(4)应用案例。

武汉新瑞科技发展有限公司利用全组件 SuperMap Objects 开发的城市供水管网 GIS 系统。

2. 1. 5 GeoStar

GeoStar 是武汉大学吉奥信息工程技术有限公司开发的大型国产自主知识产权的地理信息系统基础软件平台，是吉奥之星系列软件的核心，在吉奥之星系列软件中负责矢量、影像、数字高程模型等空间数据的建库、管理、应用和维护。

GeoStar 基于组件开发，支持多种数据库引擎，提供数据管理、图形编辑、空间分析、空间查询、制图、数据转换、元数据管理等功能，可适应多种用户、多种应用的需求，在测绘、规划、国土、电力、国防、园林、房产、水利、市政、公安等领域得到广泛应用。

GeoStar 的主要特点及功能有：

(1)基于对象—关系数据库的 GIS。

(2)独立于二次开发语言的组件化的 GIS。

(3)多比例尺、多数据源的矢量、影像和数字高程模型的三库一体化管理与表现，支持多种关系数据库。

(4)多个投影带、不同空间坐标基准的数据无缝组织。

(5)分布式异构海量数据管理：所管理的数据量可以达到 TB 级。

(6)支持用户权限控制，锁定到对象一级的多用户并发操作，支持长事务处理和版本管理机制。

(7)图形属性双向查询、空间关系查询、SQL 复杂语句查询、多次连续查询，查询结果逻辑操作适应报表生成。

(8)丰富的图形编辑、拓扑编辑、数据提取。

(9)功能分析：缓冲区、叠置、最佳路径、资源分配、地形分析。

(10)提供全组件式 GIS 二次开发套件，支持开发空间查询、分析、编辑、制图等功能。

GeoStar 组件包括：

(1)建库与管理工具(GeoCatalog)。提供矢量、影像、DEM 数据库的入库、更新、分发，投影变换，坐标变换，权限控制等功能。

(2)GIS 桌面系统(GeoDesktop)。提供空间数据管理、浏览、编辑、分析、查询、制图等功能。

(3)符号设计工具(GeoSymDesigner)。不仅能精确制作各种国标地图符号，还能方便用户制作自己设计的专题符号。

(4)应用开发套件(GeoStar Objects、GeoImageDB Objects、GeoDEMDB Objects、GeoData Convert Objects 等)。基于 COM 技术构建，是一套全组件化的 GIS 开发平台，提供了强大而灵活的二次开发功能。

(5)桌面系统二次开发控件(GeoSpace)。支持视图浏览、工作空间、地图属性、层表现、地物查询、选择集、索引图等功能的二次开发。

2.1.6　MapGIS

MapGIS是武汉中地数码集团有限公司的产品，是中国具有完全自主知识产权的地理信息系统，是全球唯一的搭建式GIS数据中心集成开发平台，实现遥感处理与GIS完全融合，支持空中、地上、地表、地下全空间真三维一体化的GIS开发平台。面向市政、电信、国土、公安、消防、税务等行业，开发了不同的应用产品。

系统采用面向服务的设计思想、多层体系结构，实现了面向空间实体及其关系的数据组织、高效海量空间数据的存储与索引、大尺度多维动态空间信息数据库、三维实体建模和分析，具有TB级空间数据处理能力、可以支持局域和广域网络环境下空间数据的分布式计算、支持分布式空间信息分发与共享、网络化空间信息服务，能够支持海量、分布式的国家空间基础设施建设。系统具有如下特点：

(1)采用分布式跨平台的多层多级体系结构，采用面向“服务”的设计思想。

(2)具有面向地理实体的空间数据模型，可描述任意复杂度的空间特征和非空间特征，完全表达空间、非空间、实体的空间共生性、多重性等关系。

(3)具备海量空间数据存储与管理能力，矢量、栅格、影像、三维四位一体的海量数据存储，高效的空间索引。

(4)采用版本与增量相结合的时空数据处理模型，“元组级基态+增量修正法”的实施方案，可实现单个实体的时态演变。

(5)具有版本管理和冲突检测机制的版本与长事务处理机制。基于网络拓扑数据模型的工作流管理与控制引擎，实现业务的灵活调整和定制，解决GIS和OA的无缝集成。

(6)标准自适应的空间元数据管理系统，实现元数据的采集、存储、建库、查询和共享发布，支持SRW协议，具有分布检索能力。

(7)支持真三维建模与可视化，能进行三维海量数据的有效存储和管理，三维专业模型的快速建立，三维数据的综合可视化和融合分析。

(8)提供基于SOAP和XML的空间信息应用服务，遵循OpenGIS规范，支持WMS、WFS、WCS、GLM3。支持互联网和无线互联网，支持各种智能移动终端。

(9)系统采用全组件化，提供组件与插件相结合的开发接口模式，支持多种开发语言，动态挂接符合MapGIS接口标准的功能模块，更具灵活性和可扩展性。

应用案例：中地集团是国内较早采用国产GIS平台研发市政设施信息系统的公司，在MapGIS基础上开发出了适用于城市基础设施管理的系列产品，包括地下综合管网、供水管网、排水管网、燃气管网、电力设施、路灯设施以及工业管廊等系统，在北京、上海、天津、重庆、杭州、南京、合肥、福州、贵阳、常州等城市应用。常州市政综合集成系统集综合管线和专业管网(供水、排水、路灯、燃气等)为一体，以各专业管线权属单位的日常管线管理业务为目标，在基础图档管理的基础上，实现不同的专业管线的分析功能，与权属单位和管理部门的具体业务紧密结合。系统采用分布式结构，综合系统能够从各专业管线系统中抽取适合管线综合管理需要的管线数据，将专业数据的变化及时反映到综合系统，实现数据的分级管理、充分共享和同步更新。

2.2　开发平台评价

从管网信息系统建立的角度看，ArcGIS是一个不错的选择，其技术先进、功能完善，并有灵活强大的二次开发能力，尤其其嵌入式开发产品MapObjects组件，不断被应用于管线信息系统的开发,但价格比较昂贵,比较适用于建立大范围的管网信息系统;MapInfo 支撑多种数据库的桌面系统,其性价比很高,适用于建立较为简单的管网信息系统;Bentley 系列从工程的角度提供了更新维护和分析功能,适合于各种大型管网系统。

国产 GIS 软件以其功能适用、性价比高和安全等优点,已经占据国内市场半壁江山。MapGIS 在面向实体数据模型、数据库管理、网络模型与分析功能、分布式体系结构方面有明显的优势。尽管国产 GIS 软件在价格上、技术上也跨入了先进行列,但在管网信息系统领域的成功案例并不多见,在地下管线信息系统开发领域,还有一段路要走。

由于管网信息包含属性信息,所以除选 GIS 软件外,还需要选择数据库管理系统(DBMS)。可供选择的 DBMS 有 Oracle、SQL Server、IBM DB2、Sybase、Access 等。

3　管线数据模型

地下管网信息系统的开发是一项复杂的工程,如果有比较成型的数据模型采纳可以大大提高效率。

3.1　APDM

APDM(ArcGIS Pipeline Data Model)是用于存储和管理管线系统的数据模型,该模型包含了 80%的管线企业所用到的特性,同时做了一些扩充以包含当前的一些热门主题,如一致性、管线检查、重点关注区域、风险分析等。APDM 允许用户对模型进行修改的特性,可以满足不同用户的要求,借助于此也可以大大缩短开发周期。最新的 APDMF4.0 模型于 2005 年发布,采用了微软公司的 Visio 文件格式,以 UML(Unified Modeling Language)图表的形式描述了 APDM 逻辑模型和物理模型。APDM 数据库模型,不能够用标准的 SQL 语言访问,也不能用 ODBC、ADO 等其他数据访问技术,需要通过 ArcGIS 的组件对象 ArcObject 来访问。

3.1.1　APDM 的优势

APDM 被设计成全面贯彻 GeoDataBase 技术,具有以下优势:

(1)GeoDataBase 无缝地将几何要素和属性数据整合到一起。

(2)用于维护数据一致性的开销大大减少了。

(3)使用 GeoDataBase 技术使得用户可以利用强大的空间分析功能。

(4)可以利用 GeoDataBase 提供的其他特性,如多用户、长事务编辑、重合要素的拓扑编辑、基于栅格的空间分析、制图工具、通过 ArcIMS 和 ArcServer 的网络发布、离线编辑、动态注记等。

3.1.2　APDM 中的对象

APDM 中的对象可以分为核心要素、参考要素和非参考要素。核心要素是 APDM 模型中必不可少的,包括定位路径、控制点和线组;参考要素指在线和离线对象;非参考要素指地基、支撑物等。下面列出了部分核心要素和参考要素:

(1)定位路径(Station Series)。可在上面定位的线状要素,用多叉线(Polyline)表示。

(2)控制点(Control Point)。在定位路径上的已知点,多叉线的节点就属于控制点。

(3)管线段(Pipe Segment)。位于定位路径上的多叉线,代表运输物质的管线。

(4)线组(Line Loop)。一系列相连的定位路径,线组将多条路径看作是单个元素。

(5)在线点(Online Point)。位于定位路径上的点或点事件,通常代表线上设施或离线对象在定位路径上的投影。

(6)在线多叉线(Online Polyline)。位于定位路径上的多叉线或线事件。

(7)离线对象(Offline Point,Polyline,or Polygon)。位置不在定位路径上的点、线、面,离线对象在定位路径上可以有一个或多个投影。

3.2　CPDM

中国管道数据模型CPDM(China Pipeline Data Model)是依据美国管线开放数据标准,并在美国APDM(ArcGIS Pipeline Data Model)的基础上,结合我国的实际情况提出的传输管线数据模型。可供新建的输送液体、气体管线实现数字化管理,也可供正在使用的管线建立数字化管理使用。它提供了有关模型中的对象及如何组织模型的详细描述,以及如何在一个机构内实现模型的建议,如图4-20所示。

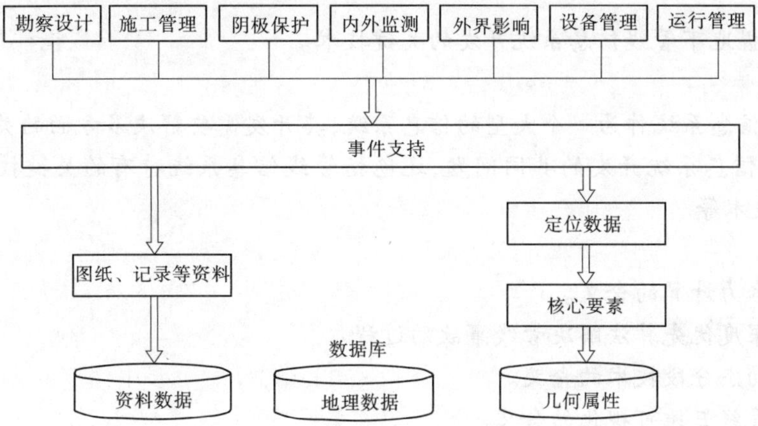

图4-20　CPDM框图

管道数据模型是建立在地理信息系统(GIS)软件平台上,采用面向对象的方法建立,用于存储与收集和传输管线(尤其是气体和液体系统)有关要素的信息。地理数据库是一种将地理数据作为关系型数据库管理系统中的要素来进行存储和管理的对象关系型构架。

CPDM不是一个包罗万象的数据模型,而是作为一个模板。业主(用户)可从模型中的核心元素开始,通过添加要素或提炼现有要素来修改模型。CPDM的目的是提供一系列的核心对象和属性,这些对象和属性可以描述和有效处理所有定位。

3.3　PODS

3.3.1　PODS简介

PODS(Pipeline Open Database Standard)是长输管道数据模型的国际标准,是由国际上管道运营商、服务供应商、数据供应商以及相关政府机构共同开发和管理的数据标准,代表了长输管道行业共性的需求和最佳实践,具有重要参考价值。适用于油、气的集输,长距离传输及配送管道系统的独立的综合数据库建模,它提倡建立一个完全开放的数据库结构来满足管道公司的一般需求。它的目标就是提供一个公共的平台,使管道公司能创建一个基于GIS标准的数据库,提高数据集成,改进数据的管理,降低执行风险。PODS数据模型把整个管道行业的需求看作一个整体,它提供一个框架让各个机构能关注本公司的特殊需求,根据业务需求可以修改模型中已经有的要素,增加新的要素,删减模型中不需要的要素。

3.3.2　PODS 总体框架

PODS 按照类型可分为以下子模型：中线与线性参考系模型、管线设施模型、站内设施模型、内检测模型、巡检模型、阴极保护模型、压缩模型、地理边界模型、地理设施穿越模型、条例管制模型、风险评估模型、运行监测模型、派工历史模型、密距电位测量模型、海底管线模型、渗漏调查模型、外部文档模型。

PODS 是基于关系数据库模型设计的，管线相关的各种要素都以数据表格的形式存储，要素间的关系以关系数据库模型为主、通过外键方式建立。

任务 4　地下管线信息系统的关键技术

【任务目的】

使学生掌握地下管线信息系统开发的关键技术。

【任务分析】

地下管线信息系统作为一个大型的信息系统，其开发需要解决多方面的关键技术，不仅包括一般地理信息系统开发的共同问题，还包括管线信息系统特有的关键技术，如水力计算、动态分段技术等。

【任务要求】

(1) 掌握水力计算的含义。

(2) 了解深度优先算法解决管线事故的过程。

(3) 掌握动态分段技术的含义。

(4) 掌握管线三维可视化的含义。

【任务准备】

(1) 仪器准备：计算机、多媒体设备等，能够保证正常工作使用。

(2) 人员准备：按照实习任务，事先分好小组，轮流操作。

(3) 记录准备：准备笔记本、笔等学习用具。

【任务实施】

地下管线信息系统的关键技术按以下几个方面进行：①水力计算；②事故分析；③动态分段；④三维可视化。

管网信息系统的关键技术一部分是其他 GIS 也会遇到的问题，另一部分是管网信息系统所独有的。前者包括图库联动、海量数据管理、组件开发、网络发布和三维可视化技术等，后者包括网络分析、水力计算和动态分段技术等。本任务对其中的部分技术作简要介绍。

1　水力计算

水力计算是指为确定桥涵、管道等构造物的结构尺寸(如基础埋深、管径等)，根据设计流量进行的计算工作。当流体沿管道流动时，由于流体分子间及其与管壁间的摩擦，就要损失能量；而当流体流过管道的一些附件(如阀门、弯头、三通、散热器等)时，由于流动方向或速度的改变，产生局部漩涡和撞击，也要损失能量。前者称为沿程损失，后者称为局部损失。水力计算是供水管网设计的重要依据，也是进行管网模拟和各种工程动态分析的基础，还是加强供水管网系统管理和管网优化运行的基础。下面以热水供暖系统中计算管段的压力损失为例,简单说一下计算方法。热水供暖系统中计算管段的压力损失,可用下式表示:

$$\Delta P = \Delta P_y + \Delta P_i = Rl + \Delta P_i \tag{4-1}$$

式中　ΔP——计算管段的压力损失, Pa;

ΔP_y——计算管段的沿程损失,Pa;

ΔP_i——计算管段的局部损失,Pa;

R——每米管长的沿程损失,Pa/m;

l——管段长度,m。

2　事故分析

在城市地下管网各种管线中,各种综合分析功能,如交叉口分析、事故分析、起点、管线最短路径等分析功能的实现,是系统的算法技术核心所在。在程序设计中算法设计是系统功能实现的前提条件和保证。

如某一段管线断裂,常需要定位事故发生地点,定位能够抑制事故继续扩大或制止事故的管线设施(如给水管网的阀门管点),并显示这些设施图,以供决策和采取相应措施。以下以给水管网为例,利用图的遍历算法,设计、实现城市地下管线信息系统中事故分析的深度优先遍历算法。

深度优先遍历是一种广义的先序遍历,起始顶点被作为参数并且成为被访问的第 1 个结点。在沿路径移动一直到“死胡同”或“设定的终止条件”过程中,将邻接顶点放到堆栈中,这样如果还有未被访问的顶点便返回并搜索其他路径。被访问过的顶点组成了从起始顶点出发可以到达的所有顶点的集合。对于如图 4-21 所示的给水事故分析管线图,其遍历流程与算法实现如下:

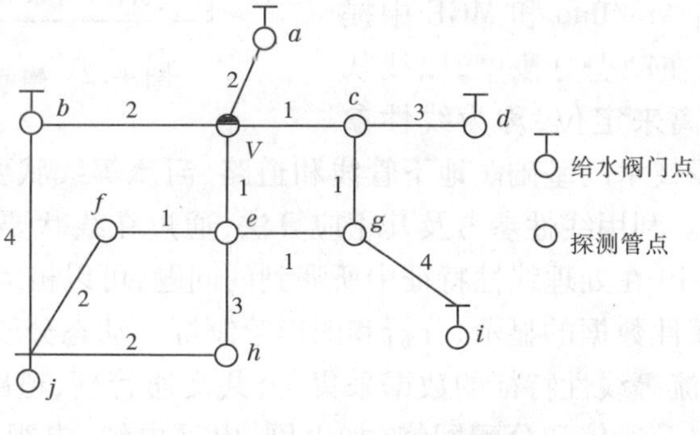

图 4-21　事故分析管线图

在深度优先算法中,用表 L 维护被访问顶点的记录,用堆栈 S 存储邻接顶点。在将初始顶点放入堆栈以后,开始迭代追踪,从堆栈中弹出一个顶点并访问它。当堆栈为空时,过程终止并返回被访问过的顶点表。从堆栈中弹出一个顶点 V,并检查表 L 看 V 是否已经被访问过。如果没有,则当前访问的是一个新顶点,求出其相邻顶点表。将 V 插入到表 L 中以免它被访问超过一次,最后将 V 的邻接顶点中未进入表 L 的顶点放入堆栈中。

事故分析程序流程:

对于如图 4-21 所示的给水管线图,若事故发生在管线 Ve 段,检索判断:

(1)点 V、e 均为阀门管点,则事故分析结果为找到阀门点 V、e 两点。

(2)若 V、e 两点有一点为阀门管点,则确定另一点为事故发生管点。

(3)V、e 两点均不为阀门管点,则确定一点(如管点 V)为事故发生管点。

这三种情况的判断均通过程序实现,通过图的遍历算法,追踪事故发生管点 V 周围连通的阀门管点 a,b,d,i,j 和一般探测点 h,通过关闭阀门管点,即可抑制或消除由给水管线事故点 V 发生的事故,分析流程如图 4-22 所示。

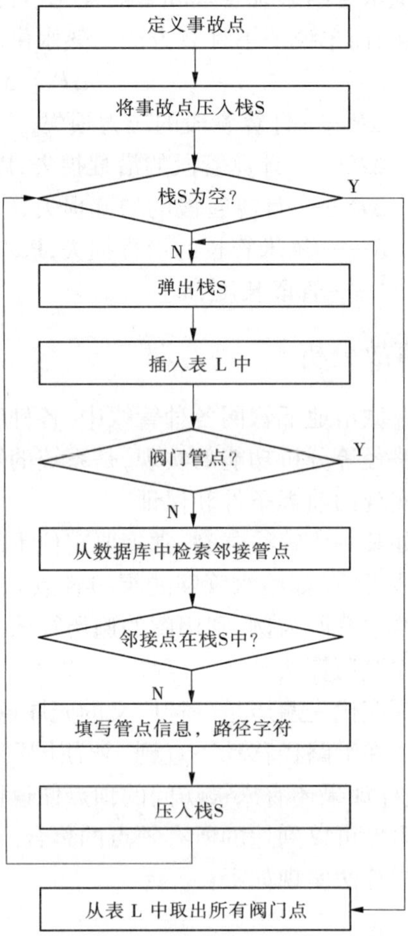

图 4-22　事故分析流程图

3　动态分段

网络分析是 GIS 中重要的空间分析功能,主要用途是:最佳路径分析、网流量分析、时间和距离的计算等,在地下管网信息系统建立过程中,是系统功能分析的核心,动态分段技术是网路分析的一种基本方法。

3.1　动态分段的思想和应用

动态分段(Dynamic Segmentation)的思想是在 1987 年由美国威斯康星交通厅戴维 · 弗莱特先生首先提出的。而 ESRI 和 Intergraph 公司相继在他们的软件产品 Arc/Info 和 MGE 中提出了各自的解决方案。在动态分段中,以线状要素为参考,用相对距离来定位,称为线性参考,线性参考是动态分段技术的基础。地下管线和道路、河流等线状要素,都要求实现沿线状对象的相对定位功能。利用线性参考及其相应算法,通过在线状要素上计算属性数据的空间位置,解决了传统 GIS 在处理线性特征中所遇到的问题,可以极大地增强线性特征的处理功能,如动态地完成属性数据的显示、分析和图形绘制等。动态分段技术主要可以应用于以下几个方面:道路、河流等线性特征的数据采集,公共交通管理,道路路面质量管理,海岸线模拟,航海路线模拟以及通信和分配网络(如电网、电话电缆、电视电缆、给排水管)模拟等。

3.2　动态分段的技术实现

被参考的线状要素称为路径(Route),发生在动态分段路径上的事件被称为路径事件(Route Event),路径事件分为点事件和线事件。路径事件作为属性数据存放在关系表中,事件可以分为不同的类型,如交通事故、车辆限速、车道数等,不同类型的事件存放在不同的表中。

管道泄漏或管线上的泵站是典型的点事件,点事件表中至少要包含两个字段,路径编号和里程数。路径编号可以是字符型或数字型,用来确定事件发生有哪条路径上;里程数是数字型,用来在路径上确定点事件的位置。图4-23显示了泵站事件表及泵站在管线上的定位。

3.3　特点及建库步骤

动态分段具有如下特点:不需要重复数值化就可进行多个属性的显示、分析和绘图,减少了数据冗余;属性数据独立于线状要素的位置描述,利于数据的更新和维护;可实现多属性的综合查询与分析等。

利用动态分段技术建立城市管网数据库的主要步骤包括:建立路径系统和事件数据库。在数字化时,对同一条连续的管线只需将起点和终点作为结点对待,而不是在一些属性变化的点打断管线。然后建立各种属性(例如管材、管径、埋设年代等)的事件数据库,动态地将属性值分配给不同的管段。

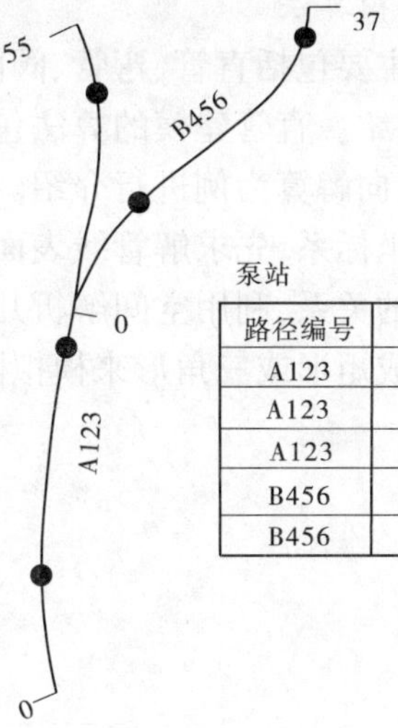

泵站

路径编号	里程数
A123	12
A123	30
A123	47
B456	9
B456	35

图4-23　路径上的点事件

4　三维可视化

4.1　管线三维可视化研究的意义

目前城市管网系统多数是结合国内外大型基础地理信息系统软件进行的集成式二次开发。系统除满足基本功能外,还具有管线管理的专业功能,如断面分析、爆管分析等,但大多数系统是二维或二点五维的,管线在地下的分布纵横交错,二维图形无法表现管线之间的空间关系。有些管线上下起伏,与地面垂直的一段管线在平面图上只能以一个点及相应注记来表示,视觉效果不直观。不能生动地表现具有三维特征的客观实体。而且,管线在地下的分布纵横交错,二维图形无法表现管线之间的空间关系。

三维管线直观性强,可从不同方位再现物体,具有较强的立体感、逼真感,通过三维可视化可以直观地看到城市地下纵横交错、上下起伏的实际管线,是管网信息系统建设的一个重要方向,管线的三维可视化建设势在必行。

4.2　管线的三维建模

管网建模是建成城市三维管网系统的前提和基础,其算法的优劣直接关系到系统运行速度的快慢、仿真效果的好坏、资源的分配利用以及能否满足用户的要求。下面以基于ArcGIS Engine的三维管线几何建模方法为例做一简单介绍,利用该方法生成的管网具有较好的逼真效果和较快的显示速度。

4.2.1　*原理*

在管线三维透视图中,一段管线根据其实际形状是圆形或方形,可以分别用圆柱面或四棱柱面来模拟,圆柱面或棱柱面的轴线即为管线中心线,圆柱面或棱柱面的截面半径为管线实际测量的半径。真实的三维管线表面是连续变化的,要想记录所有定义表面的位置是不可能的,因而一般都是从真实表面上抽取一些样点,然后用插值的方法来求出样点之间的值,从而构成三维表面模型。

4.2.2　直管建模算法

地下管网主要包括直管、弯管、阀门、三通、水井等部件和设施。下面以直管建模的算法为例,做简单介绍。直管建模的算法包括正向解算、逆向算法、Grid 建模算法、三角网建模算法等,下面以正向解算为例进行介绍。

定义参考坐标系,先求解管线表面各点在参考坐标系中的坐标,再根据参考坐标系与固定坐标系之间的关系,利用空间解析几何知识将这些参考坐标解算到固定坐标系,最后将这些空间点连接成矩形或三角形来模拟圆柱表面,从而构建出三维管线模型,如图 4-24 所示。

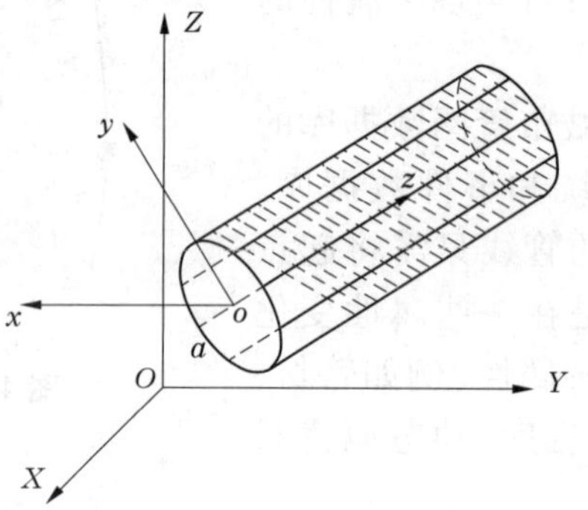

图 4-24　正向解算示意图

其他算法示意图如图 4-25～图 4-27 所示。

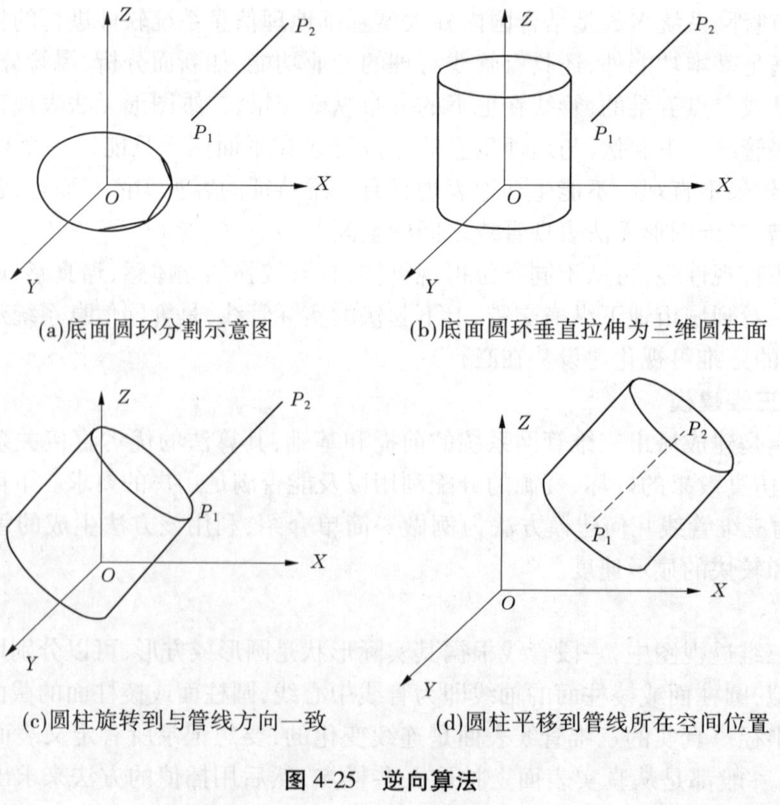

图 4-25　逆向算法

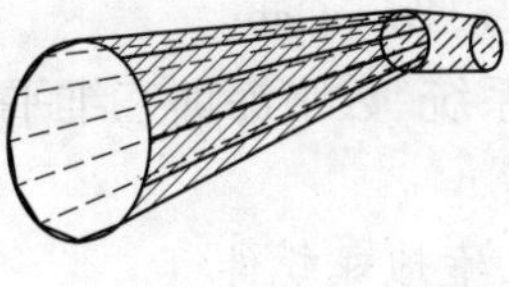

图4-26　Grid建模算法

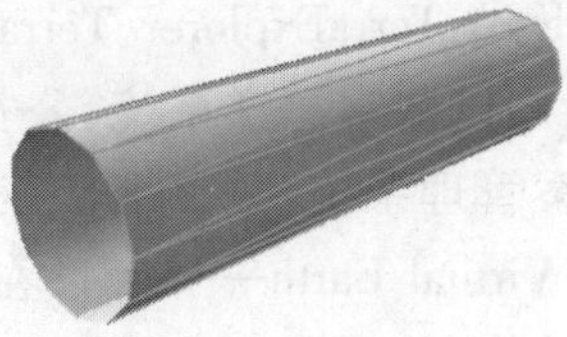

图4-27　三角网建模算法

4.2.3　三维GIS软件简介

20世纪80年代末以来,空间信息三维可视化技术成为业界研究的热点,并以惊人的速度迅速发展起来,首先是美国推出Google Earth、Skyline、World Wind、Virtual Earth、ArcGIS Explorer等,我国也紧随推出了EV-Globe、GeoGlobe、VRMap、IMAGIS、ConverseEarth等软件与国外软件竞争本土市场。三维GIS得到了各行业用户的认同,在城市规划、综合应急、军事仿真、虚拟旅游、智能交通、海洋资源管理、石油设施管理、无线通信基站选址、环保监测、地下管线等领域备受青睐。目前,我国国产三维GIS软件已占据了国内市场的半壁江山。

下面介绍几种可用于三维可视化的软件。

4.2.3.1　Google Earth——用户最多的三维地球软件

开发单位:美国谷歌公司。

Google Earth以三维地球的形式把大量卫星图片、航拍照片和模拟三维图像组织在一起,使用户从不同角度浏览地球。Google Earth的数据来源于商业遥感卫星影像和航片,包括DigitalGlobe公司的QuickBird、IKOONOS及法国SPOTS。

特点:Google Earth凭借其强大的技术实力和经验,以其操作简单、用户体验超群的优势吸引了全球近1/10的人口使用。

4.2.3.2　World Wind——最强大的开源地理科普软件

开发单位:美国国家航空和航天管理局(NASA)。

World Wind是NASA发布的一个开放源代码的地理科普软件,由NASA Research开发,NASA Learning Technologies来发展,它是一个可视化地球仪,将NASA、USGS以及其他WMS服务商提供的图像通过一个三维的地球模型展现,还包含了火星和月球的展现。软件用C语言编写,调用微软SQL Server影像库Terrain Server来进行全球地形三维显示。它通过将遥感影像与SRTM高程(航天飞机雷达拓扑测绘)叠加生成三维地形。

特点:World Wind最大的特性是卫星数据的自动更新能力。这种能力使得World Wind具有在世界范围内跟踪近期事件、天气变化、火灾等情况的能力。

4.2.3.3　Skyline Globe——个性化的三维地理信息系统

开发单位:美国Skyline公司。

Skyline Globe产品能够基于地表的卫星影像、航空影像创建高分辨率的三维虚拟地球场景。Skyline具有强大空间信息展示功能,支持交互式绘图工具,提供三维测量及地形分析工具,提供数据库接口支持如Oracle、ArcSDE,拥有强大数据处理能力。

特点:Skyline Globe Enterprise Solution是美国Skyline公司为网络运营三维地理信息提供的企业级解决方案,包括了Skyline整套软件工具,给客户提供一站式服务,并开放了所有的API,不论是在网络环境中还是单机应用,让用户能够根据自己的需求定制功能,建立个性化的三维地理信息系统。

产品形式:TerraExplorer、TerraExplorer Pro、TerraBuilder、TerraGate。

应用:中国数字海洋系统、公安部警卫基础工作信息系统、数字深圳三维平台、黄河可视化防汛预案管理系统、数字烟台三维城市规划信息系统等。

4.2.3.4 Virtual Earth——可以在浏览器中直接运行的三维地球软件

开发单位:美国微软公司。

Virtual Earth 3D 可以呈现完整交互式的三维图片,是基于地图的搜索工具,集航拍照片、地图、黄页数据于一体。在 Virtual Earth 3D 中,就像在大型 3D 游戏的虚拟现实环境中一样,用户可以在城市之间、建筑物之间“飞来飞去”。除真实地“再现”城市的地形外,Virtual Earth 3D 中也包含一些现实世界中不存在的东西。

特点:Virtual Earth 3D 不要求用户在硬盘上下载应用软件,而是直接在浏览器中运行。

4.2.3.5 ArcGIS Explorer——ArcGIS 家族的 3D 后代

开发单位:美国环境系统研究所公司(ESRI)。

ArcGIS Explorer 是一个免费的虚拟地球浏览器,提供自由、快速的 2D 和 3D 地理信息浏览,充满趣味性且简捷易用。ArcGIS Explorer 通过继承 ArcGIS Server 完整的 GIS 性能(包括空间处理和 3D 服务),达到整合丰富的 GIS 数据集和服务器空间处理应用的目的。

特点:ArcGIS Explorer 具有和 Google Earth 相似的功能,支持来自 ArcGIS Server、GML、WMS、Google Earth(KML)的数据。

4.2.3.6 EV-Globe——国内三维海量空间信息平台佼佼者

开发单位:北京国遥新天地信息技术有限公司。

EV-Globe 具有大范围的、海量的、多源的数据一体化管理和快速三维实时漫游功能,支持三维空间查询、分析和运算,可与常规 GIS 软件集成,可方便快速构建三维空间信息服务系统,亦可快速在二维 GIS 系统完成向三维的扩展。EV-Globe 提供距离测量、线段剖面、折线剖面、区域淹没、通视分析等三维 GIS 特色的空间分析功能。可以在 EV-Globe 中看到烟雾、尘暴、火焰以及下雨、下雪等特殊效果。

特点:EV-Globe 基于组件式开发,所有功能以控件或类的方式封装在 dll 中,用户可以很方便地进行各种功能定制,甚至将 EV-Globe 嵌入各类信息系统中。EV-Globe 具备在普通 PC 机上就能实现的海量三维模型和影像流畅地进行各项漫游操作的功能。此外在 EV-Globe 服务器端,用户可根据需要绑定常规 GIS 平台如 SuperMap、ArcGIS 等。

4.2.3.7 GeoGlobe——加入实时三维量测功能

开发单位:武大吉奥信息技术有限公司。

GeoGlobe 是武汉大学李德仁和龚建雅等教授花了近 10 年时间打造,由武汉大学测绘遥感信息工程国家重点实验室研发的网络环境下全球海量无缝空间数据组织、管理与可视化软件。GeoGlobe 提供了一系列三维可视化及应用的功能:可视化导航与操作、可视化查询与三维分析、兴趣点标注及定位等。还提供了二次开发功能,用户可以根据应用的需要自行设计界面,调用所提供的动态库进行二次开发。

特点:GeoGlobe 具有和 World Wind 相似的功能,加入了实时三维量测等功能。能同时处理多种来源的数据,包括三维地形图、航拍影像图、三维模型,矢量数据,是 Google Earth 所没有的。GeoGlobe2.0 提供了海量 4D 数据(DEM、DOM、DLG、DRG)、地名数据、三维模型数据的完整解决方案。

4.2.3.8　CityMaker——数字城市的三维应用

开发单位:伟景行数字城市科技有限公司。

CityMaker是数字城市三维可视化平台,主要针对城市规划领域,提供覆盖规划设计、展示、评估、管理的全方位服务。提供从三维地理信息系统建设到应用的全面解决方案。通过CityMaker三维地理信息平台,可以叠加显示城市面貌、规划图则、户籍信息、监控视频等各种二三维数据,还可快速集成已有专业系统,开展基于网络的三维专业应用。

特点:是面向规划设计师和建筑师的三维辅助设计软件,它将虚拟可视化技术融入设计过程,让设计师在三维环境下进行城市的设计、评估、分析和交流。它可以与3D MAX等建模软件配合使用,支持材质编辑和物体运动编辑,支持火焰、喷泉、爆炸和雨雪等虚拟现实效果的制作等。

4.2.3.9　VRMap——首次在微机上再现真三维景观

开发单位:北京灵图软件技术有限公司。

三维地理信息系统软件VRMap实现了VR和GIS技术的完美结合,可以根据卫星影像、航空影像、电子地图、高程数据、城市模型数据、虚拟效果数据生成虚拟地理场景;通过VRMap提供的二次开发包,可实现规划、国土、电信、交通、水利等各行业的专业分析。

特点:VRMap采用J2EE体系架构,快速、灵活构建基于Web的三维业务应用系统;同时VRMap提供城市级别的基于网络的海量精细场景,可快速建立三维应用。

4.2.3.10　SuperMap iSpace——二三维一体化的三维GIS模块

开发单位:北京超图软件股份有限公司。

SuperMap iSpace是SuperMap UGC新增三维GIS模块的产品研发代号。采用了"SuperMap SDX+空间数据库"技术来高效地、一体化地存储和管理二维三维空间数据,升级了二维显示的功能,不仅能够支持将二维的GIS数据和地图直接加载到真三维场景中进行显示,而且可以在二维窗口中显示三维数据,在二维地图中使用三维符号,真正实现了二维三维数据一体化。

特点:二维三维数据一体化、多元数据无缝集成、三维web浏览等;提供基本的三维空间分析能力,包括量算分析、查询统计分析、通视性分析。

4.2.3.11　MapGIS-TDE——地上、地表、地下的三维空间数据模型

开发单位:中地数码集团。

MapGIS-TDE三维处理平台是中地公司在MapGIS7.0中推出的一套支持真三维数据处理及3DGIS应用项目二次开发平台。采用三维空间数据模型、构模算法、三维可视化技术及框架加插件的软件体系结构,具备集成管理地上、地表、地下的三维空间模型的能力,可以管理从2.5维到3维、从矢量到栅格等多种三维空间数据模型,并提供多种模型建立、管理及显示的工具及接口。

特点:MapGIS-TDE在提供一般三维空间数据模型及其管理功能的基础上,允许针对特定应用领域动态扩展建模及其分析功能插件,以适应特定的三维应用。

应用:MapGIS三维数码景观系统、MapGIS工程勘察信息系统、MapGIS城市地理信息系统、MapGIS综合管网信息系统等。

4.2.4　三维地下管线展示

国内专业做管线的系统软件不多,山东正元管线有限公司在行业中比较成熟,有自己专

业的管线成图开发软件。正元三维地下管线系统基于 SkyLine 三维平台软件开发,通过建立精密逼真的地下管线三维虚拟场景,实现地上建筑精细建模展示,地下管线信息的自动化建模、三维展示、查询统计、开挖分析、碰撞分析等,为城市的规划、建设与管理决策提供直观的数据依据,如图 4-28~图 4-31 所示。

图 4-28　管线透明显示

图 4-29　地下模式显示

图 4-30　供水爆管分析

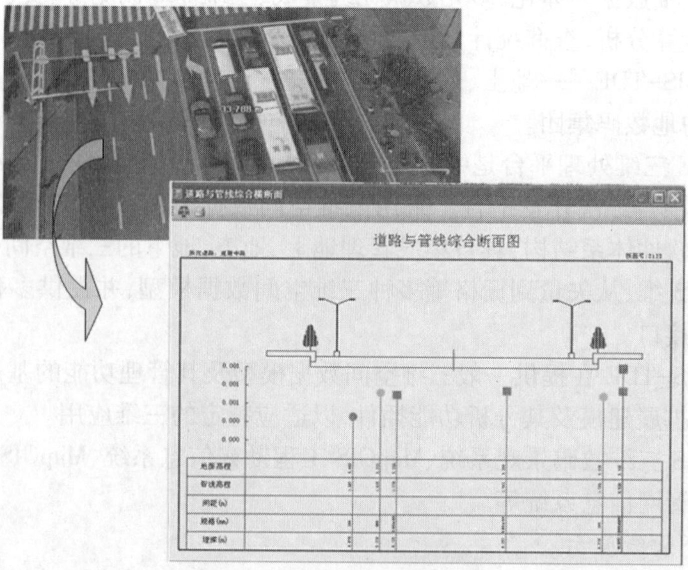

图 4-31　道路横断面分析

根据管线实际,三维可视化技术也存在一些局限性,比如现有的空间分析功能(叠加分析、网络分析)在三维实现中还不够理想;如果管线探测精度不高,可能会出现管线交叉的情况;数据建模任务量大,费用高,国内三维管线开发公司软件标准不统一,各自为战,不利于数据共享等。但是这是管线信息系统发展的一个重要方向。

任务5　地下管线信息系统的建立

【任务目的】

使学生掌握地下管线信息系统的基本建立过程。

【任务分析】

地下管线信息系统的建立是本项目的最后一个阶段,本次任务介绍了系统建立的工作阶段,以及数据库管理软件应满足的要求,并且列举了两个管线信息系统实例来使学生对信息系统产生直观的认识,帮助学生把抽象的知识转化为具体的实例。

【任务要求】

(1)掌握地下管线信息系统建立的基本过程。

(2)掌握数据库管理软件的基本要求。

(3)掌握数据库管理软件更新的要求。

【任务准备】

(1)仪器准备:计算机、多媒体设备等,能够保证正常工作使用。

(2)人员准备:按照实习任务,事先分好小组,轮流操作。

(3)记录准备:准备笔记本、笔等学习用具。

【任务实施】

地下管线信息系统的建立按以下几个方面进行:①系统的建立;②数据库管理软件应满足的要求;③管线信息系统实例。

1　系统的建立

建立地下管线信息管理系统应包括下列工作阶段:

(1)立项可行性论证。

(2)需求分析。

(3)系统总体设计。

(4)系统详细设计。

(5)编码实现。

(6)样区实验。

(7)系统集成与试运行。

(8)成果提交与验收。

(9)系统维护。

系统的建立作为一项工程,需要业主方(甲方)和施工方(乙方)共同协商、一致配合来完成,对于大型的系统工程还要引入监理方(丙方)进行全程监理,确保建立的系统实用、保证质量,具体过程如图4-32所示。

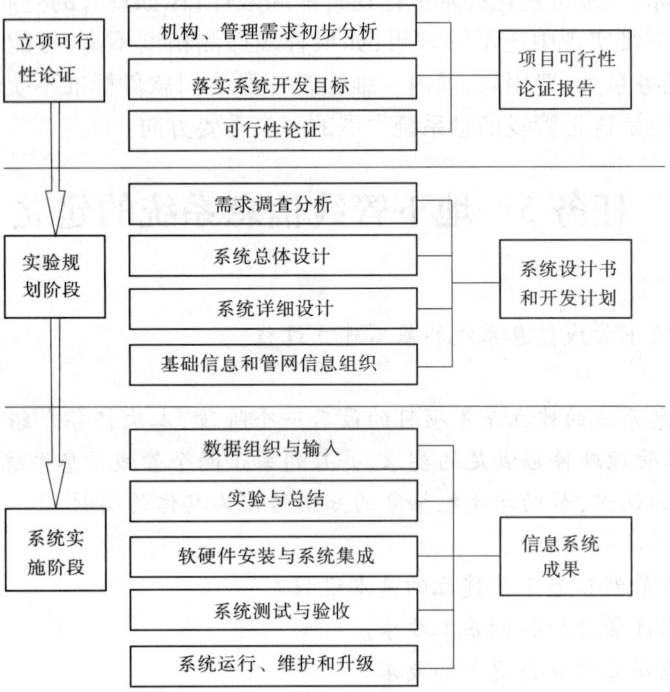

图 4-32　地下管网信息系统建立流程

1.1　可行性论证阶段

立项可行性论证:应由业主方按照机构状况和工作的实际需要确定项目的建设目标与内容,落实项目的资金、选择数据采集和系统软件开发单位并选择软件平台。

1.2　系统试验规划阶段

1.2.1　需求分析

由业主方和实施方共同完成。需求分析确定的内容应包括:

(1)系统的功能需求。

(2)系统的性能需求。

(3)系统的设计约束。

(4)系统的属性,包括安全性、可用性、可维护性、可移植性和警告等内容。

(5)系统的外部的接口。

1.2.2　总体设计

系统的总体设计(概念设计)应建立在需求分析的基础上,并包括下列内容:

(1)系统的目标,系统总体结构。

(2)子系统的划分和模块功能设计。

(3)系统结构设计、系统空间数据库的概念设计。

(4)系统标准化设计。

(5)系统的软、硬件配置和网络设计。

(6)系统开发计划。

1.2.3　详细设计

系统的详细设计应建立在总体设计(概念设计)的基础上,它应包括下列内容:

(1)界面设计。

(2)子系统的划分和设计。

(3)模块的划分和设计。

(4)各类数据集的设计。

(5)数据库存储和管理结构设计。

1.3　系统实施阶段

1.3.1　编码实现

地下管线信息管理系统的编码实现应在详细设计的基础上进行,应包括以下内容:

(1)各个子系统和模块的编码实现。

(2)进行模块测试和质量控制。

(3)完善用户操作手册。

1.3.2　样区实验

系统建立全面展开之前应选择样区进行实验。样区实验的主要目的是:

(1)检验系统功能设计,数据结构设计的合理性。

(2)检查数据采集与输入的准确性。

(3)软、硬件的性能与系统的运行效率。

(4)输出结果的正确性。

1.3.3　系统的集成与试运行

系统的集成和试运行应符合下列规定:

(1)数据的入库和检验。管线数据在进入系统时应由系统数据检查工具对入库后的数据进行检查,确保数据完整、正确。

(2)系统建成后应进行2~3个月的试运行来对系统作全方位的考核与磨合。在试运行过程中应逐步建立与完善系统的管理制度、系统的维护与信息更新制度。

系统在试运行合格后,应进行集成和包装,提交正式验收。验收应以需求分析报告和总体设计为依据,对软件的各种要求进行测试,确定系统是否满足需求分析和总体设计的要求。实施方应提交软件和全部数据的备份光盘、用户手册、项目报告等资料。

2　数据库管理软件应满足的要求

数据库管理软件应满足如下基本要求:

(1)能对入库数据进行完整性检查,保持数据的一致性。

(2)对管线信息的使用应提供权限设置功能。

(3)应提供多媒体数据管理支持。

(4)应支持异构数据库互联及数据相互转换。

(5)应有事务并发处理机制,以满足网络和多用户使用要求。

(6)应有支持大容量的地理底图库管理软件模块,提供图幅接边、分幅、合幅、区域剪取等图库功能。

数据库管理软件的数据组织和更新应满足如下要求:

(1)地下管线信息管理系统的数据组织必须按国家标准或行业标准制定的规范要求实施,以实现不同系统间的数据交换和数据共享。

(2)地下管线信息管理系统的建设过程应实施有效的项目管理和质量监控。在系统建立过程中应进行系统使用与系统维护的培训。系统建成后应进行试运行来对系统作全方位的考核与磨合,并逐步建立与完善系统的管理制度、系统的维护与信息更新制度。

3　管线信息系统实例

3.1　实例1:城市地下管线管理信息系统

城市地下管线主要由上水、下水、煤气、电力、电信、工业等大类组成。管线系统的图纸、数据量浩如烟海。实现大城市的地下管线综合管理,必须掌握大量准确、完整、现实的信息,并进行快速查询和综合分析,以便为城市规划、建设与管理提供科学的依据,以辅助决策。

浙江大学人工智能研究所与杭州市城建档案馆联合开发了作为杭州市重大科技攻关项目的杭州市地下管线管理信息系统(HZUPMIS)。

3.1.1　系统总体分析

HZUPMIS的主要目的是能够代替人工对地下管线资料的管理,更好地对资料进行查询、分析。因此,利用GIS技术准确有效地存储、检索、修改、分析城市地形图和地下管线等有关资料,及时提供所需管线图及各种数据。首先,收集城市各地区各工程的管线资料,全面掌握城市管线的最新资料,保证资料的准确性,为管线管理部门准确地提供所需的各种类型的数据。

3.1.1.1　用户功能要求

(1)管线数据应以图形和报表等方式存在。能直接接受各种类型的管线数据,能自动处理、分类和入库,并维护数据安全。

(2)能提供多种查询方式。

(3)能按照管线数据的各种特性,对其进行统计与分析。

(4)能绘制、显示地形图和管线图。

3.1.1.2　系统性能要求

系统操作方便、实用;满足需要;安全性好,易于维护。

3.1.2　系统功能模块设计

系统功能模块设计流程如图4-33所示。

3.1.2.1　数据处理模块

该模块的主要功能是对管线数据及地形图进行输入、分类和入库;另一个主要功能是对管线数据及地形图的动态更新,系统提供多种工具完成对图形、属性等数据的更新,保证数据的准确性和现势性;另外,还对图幅及其索引图进行管理。

3.1.2.2　查询检索模块

系统提供数图、图数及Buffer等多种方式对管线、附属物等进行综合查询。查询不限定一种管线,可以同时对各种管线进行查询。具体包括:对地形属性查询;坐标位置查询;管线测量点查询;管线管段查询;图例(地形图与管线)查询;利用SQL进行属性查询;利用SQL进行图形查询等。

3.1.2.3　统计分析模块

该模块的功能主要有对各种条件的管线进行统计;对管线进行Buffer分析;对管线和地形图进行Overlay分析;计算路程;最佳路径分析等。另一个主要功能是管线剖面图的生成

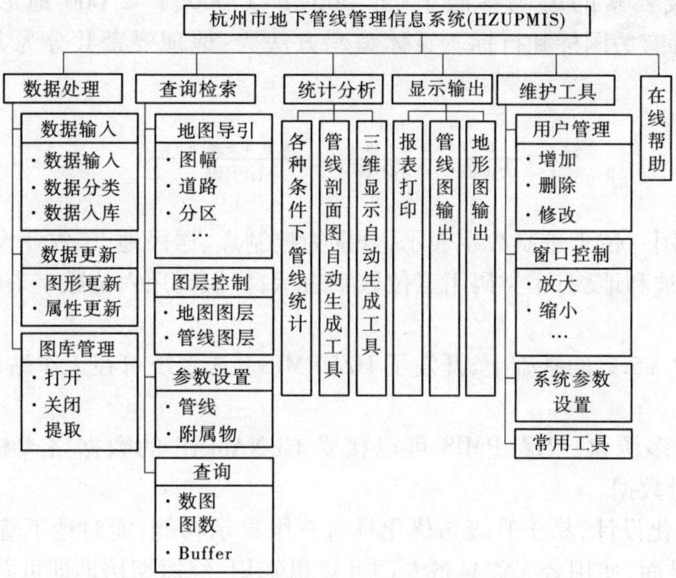

图4-33　功能模块图

及三维显示等。

3.1.2.4　显示输出模块

除了完成各类报表的输出，还对管线和地形图进行各种各样的显示与输出。

3.1.2.5　维护工具模块

该模块的功能主要有对系统所用的参数进行设置；提供安全机制以免数据的非法使用及流失；提供各种工具保障系统安全、高效的运行；支持多种外部存储设备的备份和恢复；完成和微机间的数据交换等。

3.1.2.6　在线帮助模块

在线帮助模块指在系统运行中提供在线的使用帮助信息。

3.1.3　系统组成

系统由两台 SUN MICROSTATION LX 组成的网络，由 PC 机与数字化仪组成的数字化工作站，以及打印机、绘图仪等外部设备组成。

系统软件操作系统为 SOLARIS 1.0（SUN）和 SCO UNIX 4.2（PC）；

中文软件为北京华胜公司的 CLEEX；

GIS 系统软件为澳大利亚 GENASYS 公司的 GENAMAP V5.2；

属性数据库为美国 ORACLE 公司的 ORACLE V6.0。

3.1.4　系统数据库设计

系统数据库由三部分组成：全景数据库、底图数据库和管线数据库。

全景数据库为一幅全杭州市的地形示意图。

底图数据库为由 1:500 的地形图图幅所组成。为了便于管理，将这些图幅组合成一幅 GENAMAP 的地形索引图。为了便于查询分析，对所有地形图上的地理要素均进行了编码。

管线数据库由上水、下水、煤气、电力、电信、工业等管线索引图组成。管线的空间数据与拓扑数据均存于 GENAMAP 内，而其属性数据主要存于关系数据库 ORACLE 内。

地形图与管线要素的编码参照了《1∶500、1∶1 000、1∶2 000 地形图图式》(GB/T 20257.1—2007)等有关国标和行标。具体编码方法为:地理要素共分为九大类,其结构如下:

#	+	#####	+	######
大类码		小类码		标识码

其中,大类码用一位十进制数字表示,分别为控制点、居民地、工农业设施、交通、电力管线、水系、境界、植被和地貌;小类码用五位数字表示;标识码用六位数字表示。

3.1.5　总论

在 GENAMAP V5.2 的基础上,开发了 HZUPMIS。该系统可在工作站、微机或网络上运行,其主要特点是:

(1)数据资源多源化。HZUPMIS 可以接受 GENAMAP 的数据格式和其他数据格式。如地下管线的测量数据。

(2)结构模块化设计,易于升级与优化具有三维显示功能,能对地下管线进行剖面三维显示。有友好的界面,使用者无需具备专门计算机知识,经短期培训即可熟练操作。

当然,HZUPMIS 还存在不足之处:

(1)由于系统的设计目标是为杭州市地下管线普查服务,着重于对普遍、共性的普查数据进行管理和维护,较少考虑专业管线的特殊要求,因此如要用于专业管线的行业管理还需在现有基础上叠加相应的信息和功能。

(2)由于支持软件 GENAMAP 汉字环境 CLEEX 本身的功能限制,系统与 ORACLE 间通信需经 SHELL 传递,在一定程度上对反应速度有所影响,这依赖于硬件和支持软件的升级来改进。

GIS 技术在我国还处于发展阶段。HZUPMIS 的研制只是 GIS 技术在城市管理中应用的一例,但是它作为代替人工进行城市地下管线管理的一种真正有效、可行的方法手段是不容置疑的。

3.2　实例 2:城市供水管网 GIS 系统

3.2.1　系统建设背景

城市供水管网数据量庞大,管网与供电、邮电等其他管网交错在一起,错综复杂;管网图纸资料手工操作,人工管理,效率低下且非常不便,更新困难,对突发事故的处理不及时等等。这一切问题有待于城市供水管网管理 GIS 系统来解决。使用计算机,借助地理信息系统技术来进行供水管网的管理、管网设计及事故处理,已是势在必行。

管网管理系统就是将管网设施图形和属性数据进行输入、输出、管理、查询、分析,并辅助决策的计算机系统。

3.2.2　主要功能简介

3.2.2.1　图形基本操作功能

(1)如鹰眼图、区域定位、放大、缩小、漫游、全图显示、地图刷新等。

(2)还可以实现平滑地缩小、放大地图,锁定漫游,提供鹰眼可随时查看图形所在地图位置或者跳转到所指定的区域等较为灵活的功能。

3.2.2.2　数据采集

采用矢量化数据管理,将 CAD 中的管网地图自动转入并转换生成 GIS 数据库通常要求的点、线、面、拓扑关系属性等形式,并按照系统要求自动分层。

数据的分层管理:GIS 的数据分为栅格数据和矢量数据两大类。采用了分层技术,即根据地图的某些特征及用户的需求,把它分成若干层,即整张地图是所有层叠加的结果(如地形层、地名层、建筑物层、测量标志层、道路层、管网设施层等)。在与用户的交互过程中只处理涉及需要的层,而不是整幅地图,因此能够对用户的要求作出快速的反应。

数据的操作和分析:采用矢量数据管理模式,将图形数据和属性数据紧密地结合在一起,形成对地物的描述,对其中的一类数据的操作势必影响到与之相关的另一类数据,提高了操作带来的数据一致性和操作效率。同时各个数据相互间又有必然的联系,能够准确无误地完成爆管分析、缓冲区分析、网络分析、统计分析。

3.2.2.3 数据输出

(1)图形数据输出。按照管网管理部门日常工作的运行模式,根据用户选择的形式或方式输出打印或转换成其他的文件格式输出。

(2)查询统计、分析处理的结果打印输出。

3.2.2.4 管网设施编辑

对供水管网设施(包括管线、阀门、消防栓、水表、堵头、大小头、水厂、测压点、测流点、GPS 定位点、水质检测点、屋顶水箱、排气阀、排水阀等)的图形数据和属性数据进行编辑。

3.2.2.5 图层管理

实现系统中所有图层的动态分层管理,将系统中管理的所有图层用功能模块方式表示,具有相应权限的用户可根据需要对当前窗体显示的图层进行动态管理。可根据自己的需求添加或者移去图层。把需要的图层进行显示,其他的图层设为不显示,当需要时再打开,这样虽然已经进入了图层的显示范围,但在同一时间内并不从服务器端传输这些层的数据,所以也可以减少在同一时间上的网络数据传输量,提高地图的显示速度。

3.2.2.6 数据分析

(1)查询:多种类别、多种条件、多种范围的管网设施查询。

(2)统计:多种类别、多种条件、多种范围的管网设施统计。

3.2.2.7 事务处理

(1)爆管分析、二次爆管分析。

事故处理:爆管发生后可迅速指定关阀及扩大关阀方案,查找关阀和受影响的区域,查询相关阀门并打印关阀方案及用户报表、抢修单、阀门卡片及停水通知单等。

在图形上点击破裂的管线或者根据输入的管线的属性在地图上找到该管线,系统能给出完全封闭爆管区域的最小关阀方案。在地图中突出显示阀门。可显示出需关阀门的位置和属性及其阀门卡片和阀门详图,列出需要关闭的阀门列表以及各阀门的当前状态表,并打印出上述两项列表和相应的抢修区域图形。如果现场发现某个阀门损坏或者失灵而不能关闭,系统具有自动扩大关闸方案的能力,进一步找出还需要关闭的阀门。

(2)缓冲区分析。在管线维修时,对某条特定管线做一定半径范围内的缓冲面,可以查看周围影响区域,从而及时采取措施做好维修补救和防范工作。

3.2.2.8 区域管理

(1)区域定位:在指定区域内定位显示所需管线或设施。

(2)区域编辑:在指定区域内编辑具体的某根管线或某些设施。

(3)区域查询:在指定区域内查找符合条件的管线设施。

3.2.2.9 量算

(1)管线长度、距离的测量计算。

(2)面积计算。

3.2.2.10 管网设施 MIS

可外接管网设施管理系统,如消防栓管理、阀门管理、水表管理等 MIS 系统,实现管网设施资料完备的动态编辑和查询。

3.2.2.11 系统管理

(1)权限管理。

(2)管网设施参数管理。

3.2.3 结语

城市供水管网 GIS 系统,使用北京超图地理信息技术公司的全组件式 GIS 开发平台 SuperMap Objects 所开发。SuperMap Objects 功能强大,开发使用简单易学,可以快速地开发出完全满足需要的城市供水管网系统。此外,SuperMap 提供了专门的网络数据组织方式,提供了强大的网络模型构建、动态拓扑以及网络分析功能,为城市复杂的供水管网数据编辑和更新,以及复杂网络分析提供了便捷的工具。

城市供水管网 GIS 系统具有技术上的先进性和应用上的实用性,界面友好,操作方便,编辑功能强大而实用。

习 题

1. 地下管线信息系统有哪些特征?
2. 地下管线信息系统的整体结构包括哪些部分?
3. 地下管线信息系统的功能主要包括哪些?
4. 某城市要设计一个地下管线系统,试简述其基本流程。
5. 试简述数据库设计的基本步骤。
6. 空间数据库有哪些特征?
7. 常用的 GIS 系统开发模式和开发平台包括哪些?
8. 管线数据模型有哪些?
9. 管线信息系统开发的关键技术是什么?何为动态分段的思想?
10. 常用的可以进行三维可视化开发的软件有哪些?简单列举八个。
11. 简述管线信息系统的建立,包括哪些工作阶段?
12. 地下管线信息管理系统的数据库管理软件应满足哪些要求?
13. 撰写一份管线信息系统设计和开发的论文。(可以从网上找资料)

项目 5　地下管线探测中应注意的问题

【项目导航】

重点：

各类地下管线危险源；存在有害气体的管井种类；无特征管线点的间距规定；管线探测的其他技术问题。

难点：

对地下管线危险源的防范和应对措施；管线探测问题实例。

任务：

能够辨识各类地下管线危险源；掌握存在有害气体的管井种类；掌握对地下管线危险源的防范和应对措施；掌握无特征管线点的间距规定；掌握管线探测的其他技术问题；掌握探测问题实例中所涉及的问题；提高对知识的学习欲望，培养独立思考、团队合作的能力。

流程：

地下管线探测中应注意的问题分析的流程见图 5-1。

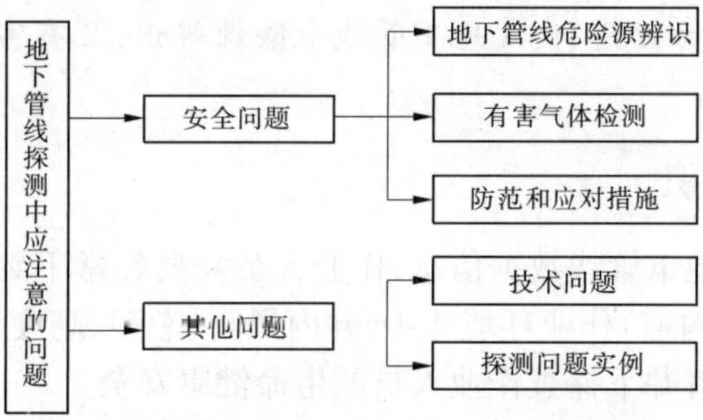

图 5-1　地下管线探测中应注意的问题

把地下管线探测中的问题分为两类：安全问题和其他问题。

安全问题是重中之重，也是所有工程项目都应注意的首要问题。首先了解地下管线危险源辨识，对地下管线所遇到的安全问题进行分类；有害气体又是众多危险源中人们认识相对不足、危害相对最大的一个，通过一个实例验证了哪些管线中有害气体且危害最大；最后，提出对管线探测安全问题的防范和应对措施。

在其他问题中，首先列出管线探测需要注意的技术问题，然后列举了几个探测问题中的实例。让大家以后在探测工作中遇到此类问题时可以作为参考，最大限度地避免误探。

任务1　安全问题

【任务目的】

使学生了解在管线探测中可能遇到的安全问题，做到安全操作，尽可能减少操作过程中可能出现的安全问题。

【任务分析】

安全问题是管线探测过程中最重要的问题，也是一切施工过程中需要考虑的首要问题，只有首先熟悉管线探测中可能出现的安全问题，做到未雨绸缪，才能使安全问题降到最低。

【任务要求】

(1)掌握地下管线危险源。

(2)掌握存在有害气体的检修井。

(3)掌握对地下管线危险源的防范和应对措施。

【任务准备】

(1)仪器准备：计算机、多媒体设备等，能够保证正常工作使用。

(2)人员准备：按照实习任务，事先分好小组，轮流操作。

(3)记录准备：准备笔记本、笔等学习用具。

【任务实施】

安全问题按以下几个方面进行：①地下管线危险源辨识；②有害气体检测；③防范和应对措施。

1　地下管线危险源辨识

为提供准确、翔实的地下管线数据信息，作业人员需要经常下到地下管井、沟道中实施探查作业。地下管井(含沟道)作业环境恶劣，井内黑暗、潮湿、高度污染，不仅缺氧，还存有多种有害有毒气体，威胁着井下探查作业人员的生命健康安全。

近年来全国出现多起地下管线安全事故，如何加强有限空间作业安全管理，有效防范事故，切实保护从业人员的生命安全，已成为当前亟待解决的问题。准确辨别地下管线探测中危害作业人员的危险源，查清地下管线测绘作业中经常面临的有毒有害气体种类，科学管理地下管线测绘作业，科学配置劳动防护装备，对保证安全测绘，规范整个行业地下管线作业意义重大。

通过向各管线权属单位、测绘作业单位和一线作业人员进行深入调研，掌握有害气体的识别标准、对人体健康产生的危害，分析地下管线测绘作业危险源如下：

(1)交通事故隐患。地下管井大都设在交通道路上，部分井位在主路上，交通安全隐患相对较大。

(2)高处坠落危险。不同地下管井深浅不一，属于高处作业施工(高差 2 m 以上)。

(3)淹溺危险。大管径污水管线或污水方沟，污水流速快，有淹溺危险。

(4)有害气体中毒危险。地下管井中存在各类有害成分。

(5)燃气管井泄漏爆燃危险。燃气管线存在可燃气体漏气现象，达到一定浓度，遇上静电火花，可能出现爆燃。

(6)烫伤窒息危险。热力管线井内气温高、缺氧,容易造成烫伤、窒息。

(7)公共安全隐患。地下管井施工作业现场防护不当,行人可能坠落井中。

2 有害气体检测

有毒有害气体是地下管线探测作业众多危险源中人们认识相对不足的一个,也是危害相对最大的一个。

有单位重点针对地下管线有毒有害气体的分布规律、浓度等情况进行了针对性的检测试验。专用测试设备确定选用北京市劳动防护研究所研制的 DJC-2 型化学事故应急检测箱,并结合小白鼠试验用于作业现场检测。根据地下管线测绘作业经常接触的污水、雨水、给水、燃气、电力、电信、热力等7类管井,选择了23口井作为测试样本,对每个样本井进行了二氧化碳、氯气、苯、硫化氢、氨气、二氧化硫、氯化氢、一氧化碳、氮氧化物、汽油等10种有毒有害气体含量的测试。

2.1 测试样本选择

采用随机抽样选择地下管井样本。样品分布按照管线的种类、管线的埋深及其存在的危害程度大小来进行抽样检测。

2.2 测试人员安全防范

采取适当防护措施:开井盖通风、使用呼吸防护面具器等措施,保证测试作业人员作业安全。

2.3 测试方法

考虑不同管线埋设方式(直埋、沟道、管线走廊、小室等方式),以及不同种类地下管线、不同的埋深有毒有害气体的浓度差别,通过外业实地抽取测试气体样本,使用测试试管现场分析有毒有害气体浓度和成分。

(1)作业环境氧气测试。作业环境是否缺氧使用氧气检测报警仪来检测。按照缺氧环境标准,作业环境氧气浓度应达到19.8%以上。

(2)检测工作环境中气体成分。使用真空手动采样器、定性气体检测管、定量气体检测管、远距离气体采样软管,定性、定量测定常见有毒有害气体。

(3)确定气体的有机、无机物属性。

(4)定量分析气体浓度。通过检测气体检测管,对采样器中的采样气体进行浓度检验。

(5)检测气体具体成分。使用大气采样器进行气体采样,将现场采集的气体带回到实验室或安全区域进行分析。

2.4 检测结果

在取样测试的7类23个地下管井样本中,氧气成分含量分布在19.8%~21%,符合安全作业环境参照标准(19.8%)。不同管井中的可燃气体、二氧化碳、氨气等3种成分含量超出参照标准。超出参照标准的情况如下:

污水管井(9个):9口污水管井中,二氧化碳气体成分含量全部超标,含量分布在21%~37%(参照标准小于1.5%)。污水管井中均含有可燃气体成分,含量分布为22%~31%,有1口管井可燃气体含量达到31%,超出参照标准(参照标准小于30%),超标井数占测试管井总数的11%。

燃气管井(2个):可燃气体含量分布为38%~44%,超出参照标准(小于30%)。

电力管井(5个):二氧化碳、甲醛、氨气含量超标,二氧化碳含量分布为26%~35%;1个管井存有甲醛含量6%;1个管井中含有氨气成分含量为7%。

电信管井(2个):未检测出超出参照标准的有毒有害气体成分。

给水管井(2个):未检测出超出参照标准的有毒有害气体成分。

雨水管井(2个):含有氨气成分,含量分布为5%~6%,超出职业安全极限值(25 ppm)。

热力管井(1个):高热、高温,不具备下井检测条件。

此次检测表明,在地下管线常规探查作业中,对作业人员职业健康安全危害的危险源主要是存在于污水、燃气、电力、雨水四类地下管线中的二氧化碳、氨气、可燃气体、甲醛等四种气体成分。此外,热力管井中,高温、高压、高湿环境也构成了明显的作业危险源。

3　防范和应对措施

安全工作重如泰山。根据国家测绘局《测绘作业人员安全规范》提出的地下管线安全规范要求,结合常规地下管线作业环境中危险源辨识结果,总结出了在地下管线作业中应当注意的安全管理事项和必须采取的安全措施:

(1)从事地下管线探测的作业人员,必须熟悉本工作岗位的安全保护规定,做到安全生产。

(2)在市区或道路上进行地下管线探测时,必须着橙黄色标志服,遵守城市交通规则。

(3)进入企业厂区进行地下管线探测的作业人员,必须熟悉该厂区安全保护规定,遵守该工厂的厂规。

(4)对煤气管道和规模较大的排污管道,在下井调查或施放探头、电极、导线时,严禁明火,并进行有害、有毒及可燃性气体的浓度测定。超标的管道要采取安全保护措施后才能作业。

(5)严禁在氧气、煤气、乙炔等易燃、易爆管道上,进行直接法或充电法作业。

(6)夜间作业时,应有足够的照明,打开窨井时,井口应有安全照明标志。

(7)打开窨井盖做实地调查时注意,有的井盖与井座合页位置因为锈蚀断裂,不要砸到脚;下井探测时注意,污水井里的扶梯可能会因为锈蚀而不牢固,要先试探性检查,确保牢固后再使用;井口必须有专人看管,调查完毕必须立即盖好窨井盖,打开井盖后严禁作业人员离开现场;严禁进入有积水的电力检修井。

(8)测量人员在道路上设站作业时,必须在附近明显位置设置警示标志。

(9)发生人身事故时,除立即将受伤者送到附近医院急救外,还必须保护现场,及时报告上级部门,组织有关人员进行调查,明确事故责任。

(10)地下管廊作业,应当携带氧气报警仪、可燃气体报警仪。保持与地面人员的通信畅通。

(11)地下管线测绘作业属于高处作业,下井作业应当使用安全索具、防护帽、安全灯。

(12)根据不同类别地下管井的情况,选择具有如耐腐蚀污染、防静电、防高温高湿、绝缘等类防护功能的工作服、防护手套、防护鞋。燃气管井禁止使用任何明火。在充满可燃气的管道内作业,应该使用具有防爆性能的设备,不宜使用通信设备。对光缆及塑料管道,严禁使用钎探,防止发生损坏光缆和人身触电事故。

(13)污水、雨水管线探测埋深时使用探杆,大部分单位使用金属探杆。当转移探杆时特别注意:有的城市地上电力线架设较低,防止触电;避开行人、车辆。

(14)在处于交通道路上的地下管井探测作业时,应按照《道路作业交通安全标志》规定,在井口设置安全隔离标志牌(墩)和围栏,安排交通安全警戒员,警戒员应注意力集中,确保行人安全。夜间作业设置安全警示灯。

(15)做好应急抢险救援准备。作业人员应当有防范有害气体和救护救援的知识及设备。

(16)当发现井下作业人员异常情况,作业现场人员应当立即拨打119或120紧急救助,并及时向上级部门报告。尽快使遇险人员迅速脱离有毒有害环境,送就近医院救治。没有任何防护措施时,禁止下地下管井,防止扩大人身伤亡。

如发生地下管线探测作业人员伤亡的突发事件,为正确有效地应对,需要进行以下几个方面的工作:

(1)建立和完善安全生产管理体系,逐级落实安全责任。

(2)建立安全管理制度和岗位安全职责,做好预先防范工作,规范地下管线探测作业流程。

(3)加强检测设备和安全防护用品日常维护管理,提高劳动安全防护水平。

(4)建立地下管井中毒事故应急处置小组,配备必要的设备,有能力协调相关部门,熟悉检测设备、救护设备使用,以及救护地下管井中毒伤员方法。

地下管线存在的有毒有害气体是测绘工作者和其他行业从事地下管线作业人员共同面临的问题,通过明确对有害气体的正确认识,提高从业人员的科学防范意识,配置适当的防护用具,采取规范的作业流程,必将有效避免地下管线危险源对作业人员的危害,杜绝安全事故的发生。

任务2　其他问题

【任务目的】

使学生了解管线探测中的一些技术性的知识,在探测过程中少走弯路。

【任务分析】

本任务列出了管线探测中的一些技术问题,对于初学者来说,在探测中容易出错,当然这些在实际探测中是可以慢慢总结出来的,此处旨在帮助学生少走弯路,保证高效地完成探测任务。另外,本任务还给出了一些探测问题实例,指导学生遇到此类问题时应该怎么处理,最大限度地减少探测错误。

【任务要求】

(1)掌握无特征管线点的间距规定。

(2)掌握管线探测的其他技术问题。

(3)掌握探测问题实例中所涉及的问题。

【任务准备】

(1)仪器准备:计算机、多媒体设备等,能够保证正常工作使用。

(2)人员准备:按照实习任务,事先分好小组,轮流操作。

(3)记录准备:准备笔记本、笔等学习用具。

【任务实施】

其他问题按以下几个方面进行:①技术问题;②探测问题实例。

1　技术问题

(1)无特征点的管线段上,根据探测任务不同,地下管线的管线点间距应符合下列规定:

城市地下管线普查和专用管线探测,按相应比例尺设置管线点,管线点在地形图上的间距应小于或等于 15 cm。

厂区或住宅小区管线探测,按相应比例尺设置管线点,管线点在地形图上的间距应小于或等于 10 cm。

施工场地管线探测,宜在现场按小于或等于 10 m 间距设置管线点。

当管线弯曲时,管线点的设置应以能反映管线弯曲特征为原则。

(2)定点密度问题及解决措施。根据《城市地下管线探测技术规程》(CJJ 61—2003)要求,施工场地管线探测,现场按小于或等于 10 m 间距设置管线点,当管线弯曲时,管线点的设置以能反映管线弯曲特征为原则。由于施工场地管线点间距要求较城市管线普查管线点间距(1∶500)小于 75 m 的要求工作量大增,且市政道路管线密集,信号杂乱,车流、人流大,探测定点难度相应大幅增加。面对这样的作业环境,探测人员往往容易心情浮躁,探测工作偷工减料,抱着少定点、快定点的思想开展工作,以致提交的成果不能满足施工要求。这种情况建议采取如下措施解决:

进行市区测量可调整工作时间,避开车流、人流高峰,可以选择夜间 10 点以后或早上 7 点以前开始作业,能有效地避开环境干扰,确保适当的管线点密度与成果精度。

有重点、有选择地加密管线点。如管道施工工程,规划审批需要整条道路现状管线成果,而建设区域仅仅为几米宽的狭长地段。为此,可先按管线普查要求施测管线,再根据规划局要求提供的管线成果给出红线位置,在红线位置有效范围内施测地下管线断面图,这样既可减少探测工作量,又提高了局部建设地段管线成果精度,可满足规划与施工要求。

(3)慎定管堵点。作业时金属管道追踪过程中信号突然消失,存在两种可能:一是预留管(管堵),二是管道材质发生变化。遇到信号突变现象,探测员绝对不能盲目定为管堵点,首先应在当地居民中了解该管道走向,或者到管线权属单位收集资料,摸清基本情况后,利用探地雷达探测或开挖、钎探等手段验证。

(4)疑难管线仔细推断。疑难管线包括排水(管道不畅通造成调查困难)、小管径 PVC 管、混凝土管等,往往现场仅能发现部分线索但无法探测。疑难管线的走向应建立在充分现场调查、资料收集、分析管线敷设规律的基础上,需认真研究,不可随意推断。地下管线探查本身就是一个推断、验证的过程,所谓疑难管线仅仅是缺少可靠科学的验证手段。如某路段管线测量项目,由于现场不具备雷达探查及开挖或钎探条件,一段电信空管直接推断为相邻两检修井相连,图上所示电信空管埋在居民楼下,显然有悖于敷设规律。内审时发现"与其并排的共通管线为了避开原有建筑物(两层楼民居),管线变向",所以认定电信空管在两检修井之间随共通管线变向。

2　探测问题实例

2.1　管线施工的核实

管线敷设遵循“有压让无压,可弯曲管线让不易弯曲管线,分支管线让主管线”等原则,通信类管线敷设避让管线较多。在管块、管沟建设时,往往不同步敷设线缆,预埋空管块走向变化较多,给管线探测带来很大难度,仅仅使用探地雷达定位难以满足工程要求,为较好地解决这方面问题,可建议委托方在施工前通知测量单位进行管线成果的核实修正。这样在空管内穿线后即可利用管线仪准确定位、定深,为施工提供准确的技术指导。图 5-2 为已提交的某项目地下管线成果示意图,管道顶管施工时损坏了军用通信光缆。图上虚线所示通信线为损坏后实测管位,实线所示通信线为原提交成果,原图中注明是空管,提交成果时间是 2007 年 8 月中旬,委托方于 9 月下旬施工,在这期间空管权属单位进行了穿线。原图中军用通信井中管块深度 2. 25 m,为避开横穿道路的 1 500 mm 排水管道,军用通信顶管施工,方框处深度已变深为 1. 25 m,施工管道顶管深度恰为 1. 2 m,造成通信光缆损坏。本项目如果委托方施工前按建议要求通知测绘单位对成果核实修正,探测员利用管线仪对穿线通信管道重新定位、定深,该施工事故肯定可以避免。

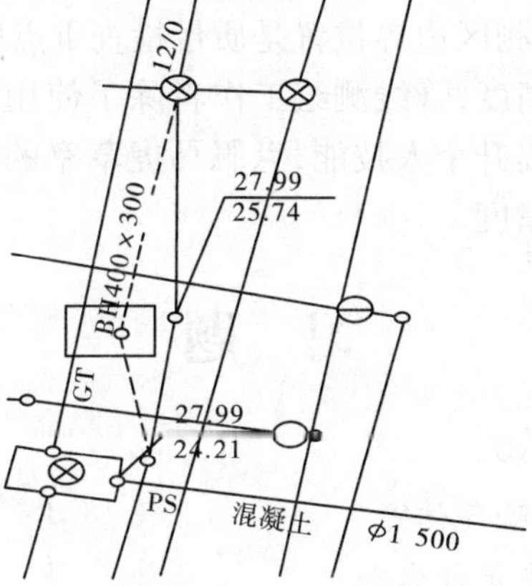

图 5-2　某项目地下管线成果示意图

2.2　加强交叉管线走向及深度检查

由于交叉管线间距(水平或垂直)较小,信号交叉干扰,难以准确定位、定深,加上环境干扰影响,探测员心理易浮躁,忽视管线敷设原则,急于定点,造成定点精度不高,图面连接关系较流畅,难以看出错误存在。图 5-3 为某道路慢车道管线分布图,分布有管径 1 000 mm 排水管道(PS)、断面 750 mm×360 mm 电信管块、管径 500 mm 天然气管道(MQ)、管径 800 mm 给水管道(JS)等,排水管道从人行道斜穿慢车道与其他管线斜交,且慢车道中有一检修井。图中实线表示管线为工程测量提交成果,虚线(给水、天然气)表示管线为开挖后探查测量结果,可以看出,二者走向差别很大,管径 1 000 mm 给水管道与管径 500 mm 天然气管道为了避让排水井,局部范围走向发生了很大变化,天然气管道最大平面误差达 2. 94 m,给水管道最大平面误差达 2. 1 m。

由于原成果中给水、天然气改变走向处管线点平面误差较大,图中看不出给水、天然气

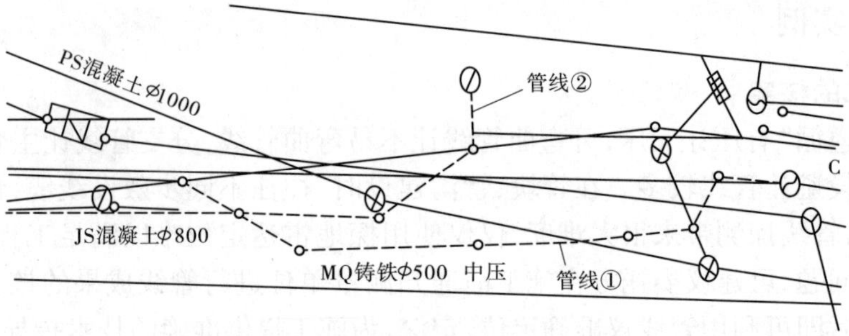

图 5-3　某道路慢车道管线分布图

穿过排水井,因此内业审图难以发现成果错误,只能通过加强对交叉管线(原成果给水、天然气管道交叉)检查发现问题。

2.3　加强测区边缘管线点检查

当探测工作进行到测区边界时,作业人员思想往往容易产生懒惰与侥幸心理,管线点定完后才发现离测区边界还差几米,随手将管线延伸出边界了事,质量问题往往就产生在这种位置。如某职工医院综合地下管线测量项目,原定管径 150 mm 给水管线点离项目边缘约 5 m,工程负责人随意延长管线出边界,该管线恰恰在边界处改变了走向,造成施工时打破水管,造成一定经济损失。因此,测区边界位置是质量检查重点区域。

综上所述,为了提高探测精度,管线测绘工作者除了使用先进精密的探测仪器,还要加强作业人员管理及职业素养,提升个人技能,克服马虎草率的不良习惯,认真负责地完成每一个工作环节,才能确保成果精度。

习　题

1. 地下管线的危险源有哪些?
2. 哪些检修井经常存在危险气体?
3. 热力管井中,危险源主要是什么?
4. 地下管线危险源的应对措施有哪些?
5. 简述无特征管线点的间距规定。
6. 车流、人流密度大的区域探测时应采取的解决措施有哪些?

附录Ⅰ 地下管线探查记录表

工程名称： 工程编号： 管线类型： 发射机型号、编号：

权属单位： 测区： 图幅编号： 接收机型号、编号：

管线点号	连接点号	管线点类别		材质	管线规格(mm)	载体特征		隐蔽点探查方法			埋深(cm)			偏距(cm)	埋设		备注
		特征	附属物			压力(电压)	沉向(根数)	激发	定位	定深	外顶(内底)	中心			方式	年代	
												探测	修正后				
1	2	3	4	5	6	7	8	9	10	11	12	13	14	15	16	17	18

探查单位： 探查者： 探查日期： 校核者： 第 页共 页

注：激发方式：1 直接连接；2 夹钳；3 感应(直立线圈)；4 感应(压线)；5 其他。

定位方式：1 电磁法；2 电磁波法；3 钎探；4 开挖；5 据调绘资料。

定深方法：1 直读；2 百分比；3 特征点；4 钎探；5 开挖；6 实地量测；7 雷达；8 据调绘资料；9 内插。

附录Ⅱ　地下管线探查质量检查表

工程名称：　　探查单位：　　检查单位：

工程编号：　　探查仪器：　　检查仪器：　　检查方式：

检查点序号	点所在图幅号	管线点号	管类	材质	平面定位偏距（cm）	埋深(cm)			评定	备注
						探查	检查	差值		

探查日期：　　探查者：　　检查日期：　　检查者：　　校核者：　　第　页共　页

附录Ⅲ　××市地下管线普查图例与编码

适用管线类别(大类)	符号编码	符号	符号尺寸(mm)	符号名称
JS/PS/RQ/RL/GY/TX/DL	QBD			图边点(测区边点)
JS/PS/RQ/RL/GY/TX/DL	TCD		1.0	探测点
JS/PS/RQ/RL/GY	BC		1.0	变材点
JS/PS/RQ/RL/GY	BJ		1.0+2.0	变径
PS/TX/DL	YLK	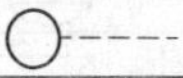	2.0+8.0	预留口（短虚线 1:1）
JS/PS/RQ/RL/GY/TX/DL	FPC	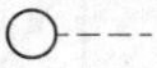	1.0+8.0	非探测区（虚线 2:1 ）
JS/PS/RQ/RL/GY/TX/DL	PXD		1.0	偏心点
JS/PS/RQ/RL/GY/TX/DL	LCD		1.0	量测点
JS/PS/RQ/RL/GY	FM		2.0+1.6	阀门
TX/DL	SG		1.0+3.0	上杆
JS/RQ/RL/GY	CD		1.0+3.0	出地
TX/DL	JBD		1.0	进出井点(一井多盖)井边点
JS/PS/RQ/RL/GY	DFM		1.0	一井多阀
JS/RQ/RL/GY	BZ		2.0	泵站
JS	JSYJ	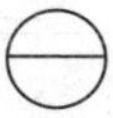	2.0	窨井
JS	FMK		2.0×1.0	阀门孔
JS	SBJ		2.0	水表井
JS	XFS	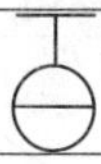	2.0+1.6	消防栓
JS	SB		2.0	水表
JS	JSFMJ	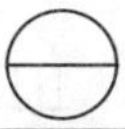	2.0	阀门井
JS/PS	PQF		2.0	排气阀(井)
JS	PSF		2.0	排水阀

续表

适用管线类别(大类)	符号编码	符号	符号尺寸(mm)	符号名称
JS	JYBZ		2.0	加压泵站
JS	CTD		2.0	测压点
JS	CLD		2.0	测流点
JS	SZJCD		2.0	水质监测点
RQ	RQYJ		2.0	窨井
RQ	RQTYX		2.0	调压箱
JS/RQ/RL/GY	GM	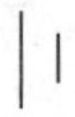	2.0+1.0	管帽(堵头)
RQ	BXG		2.0	波形管
RQ	NSG		2.0×1.5	凝水缸
RQ	YLB		2.0	压力表
RQ	RQYJ		2.0	阀门井
RQ	YJCSZ	Y	2.0	阴极测试桩
RQ	RQTYZ		2.0	调压站
PS	PSYJ		2.0	窨井
JS/PS	CSK		2.0<60度	出水口
JS/PS	JSK		2.0<60度	进水口
PS	YB		1.0×3.0	雨水箅
PS	YSJ		2.0	雨水井
PS	PSBZ		2.0	排水泵站
PS	YLJ		2.0	溢流井
PS	JCJ		2.0	检查井

续表

适用管线类别(大类)	符号编码	符号	符号尺寸(mm)	符号名称
PS	ZMJ	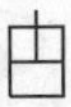	2.0	闸门井
DL	DLYJ		2.0	人孔
DL	DLSK		2.0	手孔
DL	BYQ		3.0×2.0	变压器
DL	PDF		3.0×3.0	配电房
DL	GGP		2.0	广告牌
DL	DLJXX		2.0×3.0	接线箱
DL	TFJ	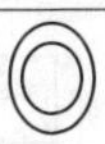	2.0	通风井
DL	DG	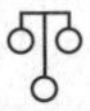	2.0×4.0	路灯
DL	JTXHD	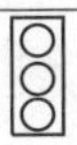	2.0×4.0	交通信号灯
DL	DD		2.0×1.0	地灯
DL	XG		1.0	电杆
DL	GYT		2.0	高压线塔架
TX	TXYJ		2.0	人孔
TX	TXSK		2.0	手孔
TX	DHT	T	2.0+2.0	电话亭
TX	TXJXX		2.0×3.0	接线箱
TX	TGFZD		1.0	同沟分支点
RL	RLYJ		2.0	窨井/检修井
RL	PCK		1.0+1.6	排潮孔
RL	FMJ		2.0	阀门井

续表

适用管线类别(大类)	符号编码	符号	符号尺寸(mm)	符号名称
RL	SSQ		1.6+2.0	疏水
RL	ZKB		1.6+2.0	真空表
RL	GDJ		2.0	固定节
RL	AQF		1.6+2.0	安全阀
RL	CSJ		2.0	吹扫井
GY	GYYJ		2.0	窨井
GY	FMJ		2.0	阀门井
RF	RFCRK		2.0×3.0	人防出入口

注:图边点是指两个相邻测区间的分界点,必须位于1:500或1:1 000、1:2 000等图廓线上。即测区分界线应当以图廓线为准,不得以道路、河流等自然分界线作为测区分界线。图边点不画点符号。

参 考 文 献

[1] 北京测绘设计研究院. CJJ 61—2003 城市地下管线探测技术规程[S]. 北京:中国标准出版社,2009.
[2] 高绍伟,刘博文. 管线探测[M]. 北京:测绘出版社,2011.
[3] 张正禄,等. 地下管线探测和管网信息系统[M]. 北京:测绘出版社,2007.
[4] 李天荣,龙莉莉,王春燕. 城市工程管线系统[M]. 重庆:重庆大学出版社,2005.
[5] 徐鼎文,常志续. 给水排水工程施工[M]. 北京:中国建筑工业出版社,1993.
[6] 洪立波,李学军. 城市地下管线探测技术与工程项目管理[M]. 北京:中国建筑工业出版社,2012.
[7] 雷林源. 地下管线探测与侧漏[M]. 北京:冶金工业出版社,2003.
[8] 王宏俊. GPS RTK 在地下管线测量中的应用探讨[J]. 矿山测量,2010(5):12-14.
[9] 王东,吴湘滨. 城市地下管线测量数据采集系统设计[J]. 福建电脑,2006(8):133-134.
[10] 潘正风. 城市地图数字化和地理信息系统[J]. 测绘通报,1999(5):32-33.
[11] 杨伯钢,宣兆新,李金刚. 地下管线测量作业危险源辨识与防范[J]. 北京测绘,2010(1):21-33.
[12] 傅宏文. 地下管线测量问题分析及解决措施[J]. 城市建设,2011(4).
[13] 何庆丰. 厦门市地下管线测量控制网的布设[J]. 福建建设科技,2007(1):38-40.
[14] 杨伯钢. 城市地下管线数据建库与共享应用[M]. 北京:测绘出版社,2011.
[15] 叶建良,蒋国盛,窦斌. 非开挖铺设地下管线施工技术与实践[M]. 武汉:中国地质大学出版社,2000.
[16] 袁厚明. 地下管线检测技术[M]. 北京:中国石化出版社,2007.
[17] 解智强,王贵武. 城市地下管线信息化方法与实践[M]. 北京:测绘出版社,2012.
[18] 颜纯文,D. Stein. 非开挖地下管线施工技术及其应用[M]. 北京:地震出版社,1999.
[19] 马保松. 非开挖工程学[M]. 北京:人民交通出版社,2008.
[20] 乌效鸣,胡郁乐,李粮纲. 导向钻进与非开挖铺管技术[M]. 武汉:中国地质大学出版社, 2004.